山口 幹幸 編著

変われるか！

都市の
木密地域

老いる木造密集地域に求められる将来ビジョン

PROGRES
プログレス

はじめに

　2011 年（平成 23 年）の東日本大震災以後，全国各地で地震が頻発しており，日本列島は地震活動期に入ったといわれています。この 6 月にも，大阪北部を震源とする震度 6 弱の地震があったばかりです。大都市中心部ではなかったのですが，この地震により，新幹線や在来線，飛行機などの交通機関が一時マヒし，多くの帰宅困難者も発生しています。東京は，首都直下型地震等がいつ起きてもおかしくないとされ，たえず地震の脅威に晒されていますが，都市部でこうした大きな地震が起こると，「そろそろ東京も危ないのではないか」と緊迫感が一層高まるのです。

　もし，東京で想定されるような地震が発生すれば，他都市に類例のない大惨事になるのは疑いようもありません。1995 年（平成 7 年）の阪神・淡路大震災は，大都市を襲い様々な近代都市機能に甚大な被害を与えたものとして，今なお鮮烈な印象として記憶に焼きついています。この大震災では，特に，神戸市を中心とした木造密集地域（以下，「木密地域」といいます）の延焼火災が，こうした地域を広範に抱えた東京には大きな衝撃となって伝えられました。東京のみならず，木密地域は全国的に分布していることから，この震災を契機に，木密地域の防災対策は，国を挙げた喫緊の課題になったのです。

　大震災の直後から，東京では，いち早く木密地域に焦点をあてた防災都市づくりが積極的に進められてきました。今日にいたる 20 数年間に

わたる取組みの結果，地域では新たに都市計画道路が整備されたり，当時に比べて建物の不燃化や耐震化が促進されてきたように思います。しかし，改善された箇所は広大な木密地域では，ごく一部にしか過ぎず，それほど目立った動きには感じられません。改善を要する未接道敷地などの整備は一向に進んでいないばかりか，狭あい道路や建物の密集状況も旧態依然としたまま。高層ビルの裏側に低層建物が面々と広がる密集地域の光景は，以前と何ら変わっていないのです。地域内の不燃化率等の数値が上昇し，災害時の安全性が高まったとされても，地域から受ける実感とはあまりにも乖離しているように思います。

　木密地域の整備は，その困難性から，不燃建替えなどの防災上有効で，かつ推進が容易な施策を地道に積み上げて減災効果を高めることが精一杯。未だ，地域を抜本的に改善する方策を見出せないのです。

　こうした動きから思うのは，「木密地域は本当に変わっていくのか。いや，これから先も変わらないのではないか」という疑念です。同時に，「木密地域は，今後どのような道を歩んでいくのだろうか，あるいは，いくべきなのか」と考えさせられます。

　このように木密地域の整備に疑心暗鬼な気持ちになり，行く末に不安を感じるのは，筆者だけではないでしょう。果たして，現行の整備をこのまま続けることが妥当なのだろうか。もし，不幸にして急遽災害に見舞われれば，地域の混乱もさることながら，その後の復興過程でも土地区画整理等による画一的なまちづくりが推し進められ，木密地域に醸成されてきた固有の魅力さえも失われるかもしれません。

　さらに懸念されるのは，今後の人口減少・少子高齢社会の進展によって市街地のあちこちに空き地・空き家が増えるなど，地域の姿が大きく変容しつつあることです。

　これに対処するために経済成長のもとで肥大化した市街化区域を縮退

化し，効率的で人が住みやすい環境に再構築しようとする都市のコンパクト化の動きもみられます。これは地方都市に限った話ではなく，やがて人口・世帯数の減少が指摘される東京，なかでも高齢化の進む木密地域では今後の大きな課題とも考えられ，地域に生じた空き地等への対処や活用の方向性が問われることになります。

しかし，こうした社会の動きを見据えて，説得力ある木密地域の将来像を予測し，その道筋を語れる人が，残念ながら皆無に等しいのが現状といえます。

本書は，このような背景のもとで，「木密地域の解消」をどう図るか，「木密地域の将来像」をどう描くかという難問に挑み，ひとつの解決の方向性を考察したものです。

本書の特色は，木密地域のあり方は，とかくハードの整備面だけで語られることが多いのですが，昭和の面影を残した，どこか郷愁を感じさせる木密地域に備わった特有の魅力を探求していること。そして，木密地域の防災問題を，その地域での局所的な問題とせず，東京全体を視野に入れつつ，今後の社会変化をふまえて都市構造や土地利用にまでふみ込んで，都市像のあるべき姿を追求していることです。

本書は，木密関連の類書が少ないことのほか，木密地域の確かな解消策のないまま，人口減少時代における整備の方向性が模索されるなか，都市づくり政策や木密地域の整備に関わる行政をはじめ，都市コンサルタントや開発事業者，都市・まちづくりに関心のある方々にとって有益な書となることを目指しています。

なお，本書は㈱プログレス発行の『Evaluation』誌の No.64 〜 No.67 に連載した論文をとりまとめたものです。同社の野々内邦夫氏には，執筆にあたって数々のアドバイスをいただくなど大変お世話になりました。執筆者を代表して謝意を表します。

今後の都市づくりを考えるうえで，本書が少しでも寄与できれば望外
の喜びとするところです。

　平成 30 年 10 月 10 日

山口　幹幸

目　次

序　論●木造密集地域とは

1. 昭和と平成の密集地域　*2*

⑴　大都市に残された負の遺産　*2*

⑵　二極化する都市　*3*

⑶　都内ではコンパクトシティ化は無縁か　*4*

⑷　昭和と平成の時代が抱える二つの密集地域　*5*

2. 昭和の木密問題を解き明かす　*7*

⑴　全国的に広がりをみせる木密地域の現状とは　*8*

⑵　木密地域への取組みをめぐる動きとは　*10*

⑶　木密地域の魅力とはなにか　*12*

⑷　木密地域は解消できるか　*15*

⑸　木密地域に求められる将来像とは　*18*

第1部●木造密集地域の現状

第1章　わが国の都市防火と災害の歴史 ………… *22*

1. 大火や震災からの学び　*22*

2. 都市防火の概念が強く芽生えた明暦の大火　*23*

i

3. 防災まちづくりの基礎を築いた関東大震災　*26*

4. 復興まちづくりの基礎となった酒田市大火　*29*

5. 近代都市に多くの教訓を生んだ阪神・淡路大震災　*32*

第2章　全国に広がる木密地域 ⋯⋯⋯⋯⋯⋯⋯⋯ *36*

1. 全国的に広がりをみせる木密地域　*36*

2. 市街地の歴史的形成が異なる近畿圏と関東圏　*37*

3. 地域の市街地特性で異なる木密地域　*41*

(1) 近世の町割が長屋化した大阪の木密地域　*41*

(2) 耕地整理により形成された神戸の木密地域　*43*

(3) 九州地域に広がる斜面地密集地域　*44*

(4) 津波被害が懸念される漁村密集地域　*46*

(5) 卓越風が大火災につながった糸魚川地区　*46*

第3章　東京における木密地域の現状 ⋯⋯⋯⋯⋯ *49*

1. 東京の木密地域の形成　*49*

2. 阪神・淡路大震災を受けて　*52*

3. 木密地域をどうとらえるか　*53*

(1) 木密地域の定義　*53*

(2) 不燃領域率とは　*54*

(3) 木密地域の範囲　*55*

4. 東京における防災都市づくりの考え方　*56*

5. 木密地域の災害危険性　*58*

   (1)　市街地火災と建物の倒壊　*58*

   (2)　東京の地盤　*60*

   (3)　地震による地域危険度と被害想定　*61*

6. 木密地域の住環境　*62*

第 2 部●木造密集地域における取組みの変遷

第1章　国の法律，事業制度の創設と，その社会的背景について ……………… *66*

1. 戦後の住宅難と，それに対する住宅政策　*66*
2. 「都市防災」の観点からの取組み　*68*
3. スラムクリアランスの観点からの取組み　*70*
4. 阪神・淡路大震災を契機とした木密地域の本格整備へ　*72*

   (1)　阪神・淡路大震災を契機とした「密集法」の制定　*72*

   (2)　都市再生プロジェクト（第 3 次決定）への位置づけ──「重点密集市街地」の指定　*74*

   (3)　「防災街区整備事業」の導入　*75*

   (4)　都市再生プロジェクト（第 12 次決定）と密集法のさらなる改正　*76*

   (5)　「避難困難性」の指標として「地区内閉塞度」

iii

の設定へ　*77*

　⑹　木密地域の整備の進捗と目標の再設定　*79*

第2章　東京都の取組みの軌跡 ······················· *81*

1. 木密地域の主要な二つの課題　*81*
2. 住宅政策課題とその対応　*83*
　⑴　戦前・戦後の住宅政策　*83*

　⑵　高度経済成長期以後の住宅政策　*87*

　⑶　木密地域で求められる住宅の質の改善　*89*

　⑷　木密地域の整備手法の転換　*92*

　⑸　特筆すべき木密地域整備への取組み　*94*

3. 木密地域の防災対策　*96*
　⑴　住宅政策審議会からの建議　*96*

　⑵　防災都市づくりの元年　*97*

　⑶　防災都市づくりの新たな施策展開　*100*

　⑷　防災都市づくりの変遷　*102*

第3章　地方都市での改善に向けた取組み ······ *112*

1. 地方都市の取組み　*112*
2. 大阪市の取組み　*113*
　⑴　大阪市の取組みの経緯　*113*

　⑵　モデル地区「生野区南部地区」での取組み　*117*

3. 神戸市の取組み　*120*
　⑴　面整備から地域特性を踏まえたきめ細かな

取組みへの展開　*120*

(2)　土地区画整理事業と密集事業を効果的に活用した浜山地区　*124*

(3)　路地の空間継承と建替え促進を目指した駒ヶ林地区　*125*

4.　長崎市の取組み　*127*

第3部●地域の潜在的魅力を持続・継承する視点から木造密集地域を考える

第1章　心理学的にとらえた木密地域の空間的魅力 ……………………………… *134*

1.　心理学的視点からの環境のとらえ方　*134*

2.　「木造」と「密集」がもたらす心理的効果　*135*

3.　密集に対する人の対処方略　*137*

4.　密集地域に対する住民のイメージ　*139*

5.　木密地域に感じるあたたかさ　*141*

6.　場所愛着や地域コミュニティ意識を強める自己表出としての「あふれ出し」　*142*

7.　路地でのコミュニケーション活動の効果　*145*

8.　木密地域の良さを活かした地域コミュニティ形成に向けて　*146*

v

第2章 防災力やコミュニティ形成を担う商店街 ……………… 150

1. 木密地域にとっての商店街を考える　150
2. 木密地域と商店街の関係　150
3. 商店街が担ってきた役割と取り巻く環境変化　152
4. 課題克服にチャレンジする商店街の取組み事例　153
   (1) 商店街が地域づくりをけん引する戸越銀座商店街（品川区）　153
   (2) 子育て親子と商店街のコラボでコミュニティの場を再生する和田商店街（杉並区）　157
5. 今後も商店街が地域防災力を担うために　161

第3章 木密地域において新たなコミュニティを醸成するシェアハウスの実践 …… 164

1. 社会に求められるコンセプトを打ち出す　164
2. 大阪市生野区の木密地域の特徴と戦略　165
3. なぜシングルマザー向けのシェアハウスなのか　166
4. 木密地域における「はぐぅ〜む まな」の実践　170
5. 生活をまるごと受け入れる「はぐぅ〜むまな」の生活支援　171

6. 地域の実情やニーズに合わせた運営が成
   功のカギ　*173*

第4部●木造密集地域は解消できるのか

第1章　新たな災害リスク要因と木密地域と
　　　　　のかかわりを考える …………………… *178*

1. 木密地域の災害危険性が都市機能を麻痺
   させ，経済的損失も甚大になる　*178*
2. 木密地域は東京における集約型都市構造
   の一翼を担う　*182*
3. 木密地域の再生を通じて避難場所機能を
   拡充する　*184*
4. 地方都市の木密地域の改善も課題　*187*

第2章　防災都市づくりに対する評価と課題 … *189*

1. 東京の防災対策の難しさ　*189*
2. 防災都市づくりの評価と課題　*190*
   ⑴　木密地域は安全になったのか　*190*
   ⑵　不燃領域率や不燃化率は高まったが……　*191*
   ⑶　延焼遮断帯形成率も高まったが……　*193*
   ⑷　避難者対応に問題はないか　*194*
3. 木密地域解消への新たな視点　*199*

vii

第3章　都市の防災構造化に向けて
　　　──東京の土地利用の問題点 ・・・・・・・・・・・・・・・・・・・・・・・・・・・・・・ 201

1. 時代を越えて変わらない木密地域の土地利用　202

2. 都市づくりビジョンに描かれた木密地域の展望とは　204
   - (1) 東京の都市づくりの歴史的変遷　204
   - (2) 都市の過密化への対応に欠ける都市づくり　208
   - (3) 都市づくりビジョンが目指す木密地域とは　210

3. 社会状況の変化と土地利用の動向　212
   - (1) 木密地域における空き家等の発生　212
   - (2) 空き家等の発生が木密地域に与える影響　214
   - (3) 人口減少社会に対応した都市のコンパクト化の動き　216

4. 望ましい都市像や土地利用を実現するには　217

第5部●木造密集地域の将来ビジョン

1. 将来ビジョンを考えるにあたって　222

2. 災害安全性の高い都市構造を目指して　225
   - (1) 都市のレジリエンスの向上　225
   - (2) 長期的土地利用の方向性に整合した防災都市づくり　228

3. 将来ビジョンを実現するために　229

(1) 公益の確保に向けて　*230*

(2) 復興段階では困難となる都市の再構築　*231*

(3) 震災復興グランドデザインが新たな防災都市の礎となるか　*232*

(4) 木密地域の抜本的整備には　*233*

(5) 木密地域の魅力としてのレガシーを都市の再構築に活かす　*234*

(6) 地方都市における木密地域のこれから　*237*

《木造密集地域に関連する主な法律の制定や取組みの変遷》············ *240*

索　引 ·· *244*

序　論　木造密集地域とは

1. 昭和と平成の密集地域

⑴ 大都市に残された負の遺産

　2016年（平成28年）12月，新潟県内で酒田大火以来40年ぶりともいわれる大きな火災が発生しました。「糸魚川市駅北大火」です。出火場所は，昭和初期に建造された木造建物の密集する商店街で，建物の焼損面積は約4haに及び，鎮火するまで約30時間を要しました。折からの強風によりあちこちで火の手が上がり，消火用水が不足するなど消火に手間取ったのが大火災に繋がった要因とされています。住民に避難勧告が出されたり，自衛隊が出動したりするなど，大きな災害に至ったのです。

　こうした木造建物が密集した地域は，歴史的な成り立ちや地域特性に違いはあるものの，全国の至るところにみられます。火災に弱いなどの共通した課題から，災害とは常に隣り合わせにあり，地震などの悪条件が重なれば大きな惨事につながります。特に，大都市周辺では建物が過密化し，しかも広い範囲に及んでいることから，甚大な被害に発展する可能性があるのです。

　では，大都市の密集地域とは一体どのような所でしょうか。皆さんもご存じだと思いますが，一般的には，幹線道路など表通りから一歩裏手に入った辺りで見受けられます。そこには，一瞬，都会にいることを忘れるような，車の騒音もない静まりかえった世界が広がっています。大都会でありながら，昭和の時代にタイムスリップしたような雰囲気をもち，表通りの喧騒とはまるで無縁な空間です。やたらと狭い路地が多く，多少広いものでも車がやっと通れるほどの道幅しかありません。曲がり

くねった道や，なかには行き止りの道もあり，まるで迷路のようなところです。道路沿いには，小規模な宅地に老朽木造建物がひしめき合って建っており，広い範囲に連担しているのです。

こうした密集地域は，建物の用途や構造，場所的な違いから，「木造密集地域」や「木造住宅密集地域」，「密集市街地」（以下，本文中では「木密地域」といいます）などと呼ばれています。

密集地域は，長い歴史的な経過において，人口・世帯が急激に集中するなかで，道路などの生活基盤が十分整備されないまま市街地が形成されてきたのです。今なお，この地域問題を解消する有効な手立てを打てないまま現存しています。このことから，「21世紀の負の遺産」ともいわれているのです。

(2)　二極化する都市

密集地域の問題は，いわば古くて新しい問題といえます。今，なぜこれを話題とするのでしょうか。

それは，東京の活発な都市再生の動きとは裏腹に，一向に変わらないこの地域への取組みに疑問を感じるとともに，今後，社会状況が変化するなかで，整備についても大きな方針転換が求められていると思うからです。

東京都内では現在でも人口増加が続いており，これに呼応するように都市再生の動きも活発です。都心部や臨海部は，23区面積の約40%を占める密集地域に比べれば，ごく小規模なものですが，超高層ビル群で溢れかえっています。そこでは，古い建物の建替えを契機とした再開発や，都心周辺に残された土地をめぐる開発ラッシュが，休む間もなく続いています。オリンピックを目前に控えてという事情もあるでしょうが，丸の内や銀座地区をはじめとする再開発の動き，晴海の選手村など臨海

部を中心にしたタワーマンションブーム，品川駅周辺や羽田の公有地等の開発はそのひとつの現れです。この地域にそびえるタワーマンション群は，眺望が良く，居住するうえでステータスを感じさせるような魅力ある住宅です。購入者からの人気も高いのですが，これを購入できるのは富裕層や投資目的の法人が多いとも聞かれます。自由経済のもとで需要があるから供給がなされ，収益性があるからデベロッパーの動きが活発なのは，当然かもしれません。しかし，大方の一般世帯には手の届かない高嶺の花で，都内にも住めずに仕方なく遠距離通勤を強いられている方が多いのも，また現実でしょう。

　ごく限られた一部の地域だけでの開発が突出しているのです。そこには，業務・商業・金融などの都市機能のほか，高価な住宅までもが集積しています。その一方で，一般世帯が手ごろな価格の住まいを都内で確保するのは困難になっています。様々な都市機能がバランスのとれた都市には程遠く感じられます。密集地域の存在を考えれば，都市再生の光と影がくっきりと映し出され，あまりにも歪な都市が形成されているといえます。

(3)　都内ではコンパクトシティ化は無縁か

　国際都市を目指した取組みで，東京区部の開発エリアは外へ外へと拡大し，そこに高密度な空間が続々とつくられています。その一方で，密集地域のように開発困難なところは，なかば放置されて山手線周辺に広範囲に横たわっています。このように，東京区部の二極化した都市づくり，偏った土地利用の方向に大きな疑問を感じるのです。

　しかし，これまでの都市づくりにも変化の兆しが感じられます。人口減少・少子高齢社会を背景とした都市のコンパクト化の動きです。国の指導もあり，すでに人口減少が想定される多くの地方都市では，インフ

ラの整った利便性が高い市街地に，居住地域を誘導するために立地適正化計画の策定が進められています。

　地方のこうした流れは，はたして東京とは無縁なのでしょうか。2025年には東京でも世帯数の減少が予測されるとともに，他の都市よりも高齢化が急速に進むと考えられています。東京の市部のあちこちで過疎化が進行し，既成市街地を縮退化する動きがあるかもしれません。社会が大きく変容しつつあるなか，ひときわ高齢化率の高い密集地域ではその影響も大きいものと考えられ，今後の都市づくりの方向性を見直すべき時とはいえないでしょうか。

(4)　昭和と平成の時代が抱える二つの密集地域

　都心開発でブームとなっているタワーマンションの行く末も気掛かりです。タワーマンションとは，タワーのようにそびえ立つ超高層住宅のことです。

　わが国で初めてマンションが誕生したのは，高度経済成長期の1960年（昭和35年）のことです。その後，幾度かのブームを迎えて供給も年々増え続け，今や，そのストック数は約644万戸にのぼり，およそ国民の約1割にあたる約1,533万人が居住していると推定されています（2017年度末，国土交通省）。

　昭和の後半になると，高さが100mに近いマンションも建設されていますが，盛んに供給されるようになったのは平成に入ってから。現在，都内では湾岸地域を中心に約550棟もの超高層マンションが建設されています。このなかには，高さが200m，階数が50階を超えるものもそう珍しくはなく，住戸数が千人単位の物件もあります。

　しかし，分譲マンションの場合には，共同居住・共同所有という宿命から，老朽化した建物の改修や建替え，管理組合の運営などさまざまな

5

写真1　東京・臨海部にそびえる超高層マンション群

序　論　木造密集地域とは

問題が指摘されています。今後，人口減少社会の進展や供給過剰にともなう空き家の増大が懸念されるほか，超高層ビルにあっては被災経験もないことから，高密度なタワーマンションでは地震時の不測の事態も危惧されるところです。狭いエリアに建設されたタワーマンションは，それ自体でまちを形成するほどの規模です。「地域」とは平面的な一定の範囲の広がりを意味しますが，タワーマンションは垂直方向に広がりをもつ地域と考えることもできます。過密化している点で木密地域と共通しており，林立していればなおさらのこと一種の密集地域ともいえます。さしずめ，木密地域が「昭和の密集地域」とするならば，タワーマンションは「平成の密集地域」ともいえるでしょう。こう考えると，今日，大都市は，課題がそれぞれ異なる二つの密集地域を抱えているのです（写真1）。

2. 昭和の木密問題を解き明かす

　本書では，このうち昭和の密集地域の問題をとりあげます。

　本書は5部で構成されています。

　第1部では，そもそも木密地域が形成されてきた歴史的・社会的な背景を，第2部では，国や自治体が展開してきた整備への取組みの経過を述べています。

　第3部は，本書の特色でもありますが，とかく整備面で語られる木密地域を，人々の生活やコミュニティなどのソフト面から木密地域特有の魅力を考察しています。今日，木密地域は延焼火災などの点で大変危険な所と認識されているのですが，そこには情緒ある下町の風情を残し人に癒しを感じさせる場所としての一面もあり，愛着を感じる人も多いの

7

です。木密地域を多面的に捉え，その魅力を都市づくりに活かすことが大切だと思います。

　第4部では，これまでの長期にわたる東京都の取組みを通じた整備効果を評価し，「木密地域の解消」を実現する上での都市づくりの方向性を考察しています。

　そして，最後の第5部では，前部までの考察をふまえ，木密地域に望まれる将来像を明らかにし，その道筋を述べています。

　なお，本書は，全国的に最も広範に木密地域を抱える象徴的な都市ともいえる東京を中心に執筆していますが，考察している内容は，木密地域の対応に悩むさまざまな都市に共通しており，参考になるものと考えています。

　では，以下に，各部における執筆内容の大筋をお示しします。

⑴　全国的に広がりをみせる木密地域の現状とは

　第1部は，わが国の都市防火と災害の歴史のほか，全国的に広がる木密地域の現状と，木密地域を多く抱える典型的な都市である東京の実態を述べています。

　わが国は立地上から自然災害を受けやすく，なかでも木密地域に関連の深い大火の歴史を紐解くと，江戸時代の明暦の大火から最近の糸魚川大火までの約360年間に，記録されるだけでも全国で163件の大火が発生しているといわれます。「明暦の大火」は，江戸市中を炎に包むほどの大規模火災であったとされます。その復興では都市防火の視点から都市づくりや建築規制上のさまざまな施策が実施され，その流れを受けて，今日の東京の骨格が形成されてきたのです。このように，過去に生じた大火が，その後の都市づくり等に大きな影響を与えた代表的な例として，このほか「関東大震災」「酒田市大火」「阪神・淡路大震災」をとり上げ，

8

序　論　木造密集地域とは

その背景や取組み内容等を述べています。

　次に，全国的に広がる木密地域の実態を考察しています。国の調べでは，地震時等に特に危険な地域とされるのは，全国で197地区，約6,000haで，そのうちの約2/3が東京や大阪，名古屋の三大都市圏に集中しており，長崎や高知などの地方都市圏にも広がっているのです。これらの木密地域は，街区割や道路形態，地形などのほか，土地・建物の権利関係，地域の開発ポテンシャルの違いから，それぞれ異なった特性をもっています。戦前の長屋が戦災を免れて今も集積する大阪など近畿圏に多く見られる「戦前長屋地区」，戦後の都市化等の影響で形成された東京などで見られる「木賃アパート密集地区」，「スプロール地区」，「住商工混在型密集地区」，京都や金沢等での「町屋地区」，長崎などでの「斜面地密集地区」，漁村特有の形態をしめす「漁村地密集地区」などがあり，これら木密地域を類型化し，その特性を述べています。

　さらに，東京の現状についてみると，23区と多摩8市，区部面積のおよそ40%に相当する約24,000haと，わが国において木密地域を最も広範に抱えた都市となっています。東京都が木密地域の整備に大きく力を入れ始めたのは，いうまでもなく阪神・淡路大震災の神戸市等での木密地域の延焼火災を契機としています。木密地域における防災対策が喫緊の課題であることが改めて認識されたのです。1996年（平成8年）3月，東京都は，関係区市と連携し，木密地域の重点的かつ効果的な整備を図るため，初の防災都市づくり推進計画を策定し，都の地域防災計画の一環として位置付けることになります。この推進計画の特徴のひとつは，東京都の独自の考えで，整備対象となる木密地域を定義し，その範囲や目標とする整備水準を明確にしていることです。一方，木密地域では建物の倒壊も危惧されており，これに深く関連する東京の地盤特性や，地震に伴う地域危険度調査等との関連について述べています。

9

⑵ 木密地域への取組みをめぐる動きとは

　第2部では，木密地域の整備に関して，国における法律や事業制度を制定する動き，東京都や地方都市における取組みを述べています。

　木密地域の整備は，現在では防災対策が主要課題となっていますが，実は，戦後の復興期や高度成長期の都市化を背景とした住宅問題に始まっているのです。つまり，木密地域の整備には，住宅・住環境整備と防災対策の二つの側面があります。当初の住宅政策では，戦後の住宅不足やスラム地区の解消，狭小過密な住宅の改善を課題としてきました。国の取組みでは，公営，公団（現在のUR）・公社，公庫（現在の住宅金融支援機構）の設立をはじめ，住宅建設計画法（現在の住生活基本法に引き継がれる）にもとづく計画的な公共住宅の供給，住宅地区改良法による事業の推進がみられます。しかし，果敢に進められてきた住宅政策も，阪神・淡路大震災を契機として整備の方向が一変することになります。都市防災に関しては，いわゆる「密集法」や「耐震改修促進法」が新たに制定されます。これまで木密地域の整備は，国や都の事業を要綱にもとづき進めてきたのですが，法律を背景に，計画的かつ強力に整備を推進することになったのです。密集法は，単に事業と連動した法の性格をもつだけでなく，都市計画法と関連させている点で，目新しい画期的なものといえます。また，木密地域への取組みを，国の都市再生プロジェクトの一つに位置付け緊急的な整備を図る一方，密集法を改正し，市街地再開発事業をベースに宅地から宅地への権利変換も可能とした「防災街区整備事業」を創設するなど，整備方策をさらに充実しています。

　次に，東京都での木密地域への取組みの軌跡を述べています。ここでは，近代以降の住宅や防災施策の流れを，国の動向と関連させながら詳しく説明しています。戦前・戦後から高度成長期以後に展開されてきた

写真 2　東京都墨田区京島地区から垣間見えるスカイツリー

　住宅政策では、住宅の量的確保や住宅の量から質への転換、公共賃貸から民間賃貸住宅への動きや木密地域との関連を述べています。また、スラムクリアランス方式による住宅地区改良事業から紆余曲折を経て、今日の事業制度に至った経緯のほか、住宅マスタープランの策定や住宅基本条例の制定、住宅政策審議会が設置された背景などについても触れています。一方、防災対策については、阪神・淡路大震災後の東京都を挙げての組織的対応や、防災都市づくり推進計画の策定について述べています。この推進計画は、ほぼ 5 年ごとに、今日まで 3 回の改訂を経てきましたが、各期の特徴的な施策内容や進捗状況の動きなどをとりあげています。

　さらに、地方都市での取組みについては、大阪市、神戸市、長崎市の実例をまじえて紹介しています。大阪市では、「防災性向上地区」を約

3,800ha，その内，優先的な取組みが必要な地区を約1,300haとし，「重点整備プログラム」にもとづき整備を進めています。大阪は古くから独自の長屋供給を行ってきており，築70年以上の建物も珍しくありません。前面道路の幅員が狭く小規模な敷地のようなケースでは，建て替えたときに従前の床面積を確保できないことも多いのですが，建替えを少しでも容易にするため，大阪市は，防火規制の強化を条件に建ぺい率を緩和するという建築基準法の緩和措置を全国の先陣を切って実現しています。

　神戸市では，倒壊や焼失の著しかった地区，災害の程度が比較的低い地区，これらが混在する地区など被害状況が異なっていることから，復興と改善を地区ごとに使い分けて整備を進めています。そのなかで，建替えを容易にする「近隣住環境計画制度」や地元まちづくり協議会と連携した「まちなか防災空地整備事業」など，神戸市独自の制度を創設し整備を図っています。

　長崎市は坂のまちとして有名です。実際，旧市街地の約70%が標高20m以上で勾配が5度以上の斜面地となっており，平坦地にある中心市街地を除く全てが傾斜地にあるのです。市制100周年を記念し，サンフランシスコや香港など斜面地を有する世界15か国が参加する国際会議を長崎で開催したのを契機に「長崎市住環境整備方針」を策定し，地形の高低差を考慮した緊急車両等の道路ネットワークの整備などの対策を講じています。今日では，「斜面地を活かしたまちづくり」として「斜面市街地の再生」などを進めています。

　このように，各市の特色ある取組みを中心に述べています。

⑶ 木密地域の魅力とはなにか

　第3部では，木密地域のもつ潜在的な魅力を探究しています。この魅力の形成に深く関連しているのは，木密地域特有のまち並みや賑わいの

ある商店街，高齢者や若者たちの住んでいた低家賃のアパートなどと考えられます。このため，ここでは心理学的にとらえた木密地域の空間的魅力を分析するほか，地域コミュニティの場ともなる木密地域内の商店街の取組みや老朽木造長屋をシングルマザーのシェアハウスに建て替えた事例を通して，その魅力の源泉や存続の方策などについて考えます。

　心理学の面からは，いわゆる下町の文化ともいえる建築構造や路地など，その地域がもたらす人への心理的効果を述べています。この分野の研究がほとんど見当たらないという現状ですが，「環境」や「地域」に対して心理学的に研究されてきた知見を援用して，木密地域が，そこに住む人に与える肯定的，否定的な影響を両面から検討し，その地域社会が与える効果を考察しています。まず，人が「木造」「密集」という言葉から一般的に抱くイメージや密集状態の人の対処方略，密集地域に対する住民のイメージを分析し，人が木密地域に感じる温かさや路地に心地よさを感じる理由，あるいは，路地に面して植木鉢を置くなどの「あふれ出し」という行為が，個人のアイデンティティや場所愛着を高め，犯罪の抑止やコミュニティ意識を醸成している理由などについて，心理学的なアプローチから考察しています。

　次に，木密地域の魅力の一つであった商店街に着目し，地域における存在や役割について考察しています。現在でも東京の代表的な商店街といえば，「戸越銀座商店街」「谷中銀座商店街」など，木密地域内やこれに近接した場所に数多く立地しています。商店街は，かつては町会などと連携した祭りやイベント，環境美化，防犯活動など，地域のまちづくりやコミュニティ形成に重要な役割を担ってきていました。木密地域では人口密度が高くコミュニティ層も厚いことから，特に，災害時におけるソフトパワーは力強いものがあったのです。今日では，店主の高齢化や後継者不足などから，商店街の新陳代謝が停滞し，若者離れも進むなど

存続が危ぶまれ，培ってきたソフトパワーも風前の灯といえますが，こうした現状のなか，商店街の活性化に向けて取り組んでいる事例をとりあげています。たとえば，品川区にある戸越銀座商店街では，そこでしか買えないオリジナル商品を販売するというブランディングを全国の先駆けとして実施しています。また，杉並区の「和田商店街」は，周辺でのマンション建設で，地縁もなく，孤立化し子育てに悩む若い世帯が増えている現状から，衰退化の進んできた商店街が，この活性化策として子育て世帯をターゲットに「子育て親子に商店街の店主と商品を知るための商店街ツアー」を企画するなど，商店街を通じて，こうした若い世帯をコミュニティ形成の場に導くという取組みが展開されています。木密地域は，防災への備えが大きな課題であり，ハード面の整備だけで安全性を確保できるものでなく，地域のコミュニティ力が期待されるのです。その意味で，商店街の役割は大きく，その再生が不可欠とし，身近な商店街に人が集まり，多世代交流の場に存続できるような取組みが必要であるとしています。

　三つ目は，大阪市生野区の木密地域において，5軒連棟長屋を「シングルマザー向けシェアハウス」に建て替えた事例をとりあげています。生野区の空き家率は大阪市内でも高く，特に木造長屋の割合は群を抜いているとされます。この事例は，最寄駅から近い割には地価が低いという特性を活かし，低家賃住宅と育児ケア等の生活支援をコンバインさせた取組みといえます。シングルマザーの貧困問題が社会問題化しつつある現在，彼女らの住生活を支える一つの試みとして注目されます。この実践は，単に空き家の一般的な賃貸アパートへの建替えでなく，高齢化率の高い木密地域において，働く若い世帯を呼び込み地域の活性化に寄与した例でもあるのです。行政の手が届きにくい社会の隠れたニーズに着目し，地元市と事業者やNPO等との連携・協働の仕組みづくりによ

って実現したもの。少子高齢時代のまちづくりにおいては，この事例のように，医療や福祉，保育や教育など生活を支えるファクターとの連携が求められています。その意味で，建替えにより，地域の課題や社会問題を解決する仕組みづくりというコンセプトは，これからの社会に欠かせない重要なテーマであると指摘しています。

⑷　木密地域は解消できるか

　第4部は，「木密地域の解消」という観点で，まず木密地域にかかる新たな災害リスク要因を述べています。次に，阪神・淡路大震災以降の東京都の防災都市づくりを客観的に評価するとともに，大都市の特性と木密地域の関連性に着目し，課題解決の方向として都市構造改編の可能性を考察しています。

　木密地域が抱える課題は，東京の都市構造にも大きな影響を及ぼすことから，その地域だけでなく，周辺を含めた広域的な観点からとらえた検討を必要としています。たとえば，2017年（平成29年）10月に発生した小田急線の車両火災事故では，沿線での火災が電車の屋根に飛び火し約7万人の利用者等に影響を及ぼしたとされています。この事故のように，市街地火災の影響から鉄道や道路が寸断されることは現実に起り得るのです。東京23区内の木密地域内を通る鉄道は10路線で，乗車人数は一日当たり600万人を超えるといわれます。近接する都心や副都心の都市機能や市場機能がマヒし，多くの帰宅困難者の発生や膨大な経済損失を招くとし，こうした広域的な災害リスクに対処する必要があると指摘しています。また，中央防災会議の資料によれば，直下型地震が襲ったとき，都の避難場所では約220万人分しか対応できず，約550万人分が不足。これは，東日本大震災の19倍の避難者が発生することを意味し，子供世帯の減少にともなう学校の統廃合で避難場所が減少しつつ

あるなか，比較的収容力の小さい内陸部の木賃ベルト地帯周辺に避難場所を創出すべきであるとしています。さらに，社会変化のなかで増大する空き地や空き家，これに対処する都市の集約化は今後の政策課題であり，高度利用が進んでいない手つかずの木密地域に梃入れし，質の高い複合住宅市街地として，環境に調和した適正密度の市街地に再編する必要性を論じています。

　次に，現在，都が進める木密地域の防災都市づくりは，「いま災害が起きたらどうするか」との直面する課題への対応といえますが，大震災後23年余りの取組みによって安全性が盤石になったのか，この先同じ方向で整備を続けるべきかを，ひとたび立ち止まり冷静に考える必要があると指摘しています。

　それは一つには，これまでの取組みは，あくまで木密地域だけを焦点に据えたもので，東京の特性である約1,400万人が住み約1,600万人が働く過密化した大都市という視点が欠落していることです。特に，東日本大震災時のように，多くの帰宅困難者の発生は想定外の被害拡大を招く恐れもあり，現状で不足する避難場所を都心部近くに確保することは喫緊の課題としています。都心部に近い木密地域と都心部との相互関連性をふまえ，都市全体の視点に立って災害時の安全性を確保できる方策を考えなければならないと指摘しています。

　もう一つは，防災都市づくりの整備指標とする不燃化率や不燃領域率，耐震化率，延焼遮断帯形成率は，マクロ的に地域の安全性を捉えることはできても，地域の隅々まで安全なことを確信できるものではないこと。各指標は一つの目安に過ぎず，数値が上昇したことをもって地域全体が安全であると誤解してはならないとしています。予期しないリスクが発生することもあるほか，小規模敷地や未接道敷地が旧態依然とした状況にあるなど随所に改善の目途さえ立たない現状では，木密地域の安全性

序　論　木造密集地域とは

を盤石にすることは難しく，現行の都市づくりの延長線上では，たとえ
減災効果は高まっても，木密地域は一向に解消しないと指摘しています。

　災害時の被害が予測できない大都市においては，都市インフラとなる
大規模なオープンスペースを配置し，防災安全性の高い都市構造への改
編が不可欠であり，当面の整備については，長期的な土地利用の方向と
齟齬をきたさぬよう進める必要があるとしています。

　次の「都市の防災構造化」では，これまでの都市づくりビジョンの変
遷から，東京の都市づくりの方向性や，そこで描かれる木密地域の将来
像を吟味し，人口減少等の社会変化が木密地域の土地利用に及ぼす影響
をふまえ，都市構造再編の可能性を考察しています。木密地域の土地利
用の現状は，都内でも比較的優位な立地条件にありながら，整備の困難
性から潜在的に高いポテンシャルを活かしきれていないとし，土地のも
つ希少性や社会的公共財の性格を考えれば，合理的・効果的な利用を促
進し，東京の都市づくりに寄与する望ましいものに改変する必要がある
としています。

　東京の土地利用は，都市の形成過程を振り返ってみると，高度経済成
長等による急激な都市化が進むなか，いわゆるグリーンベルト構想にみ
られるような，都市の肥大化等を抑止できるような有効方策を欠いたま
ま構築されてきました。都市構造面では，首都機能を充実するための一
点集中型から，その弊害を是正しバランスのとれた都市を目指した多心
型都市構造に矛先を変えたものの，首都機能を強化し国際競争力ある東
京を目指した環状メガロポリス構造という，いわば都心部をセンターコ
アエリアに置き換えた一点集中型都市構造への回帰ともみられる方向を
目指しており，このことが東京都心周辺の過密化をさらに促進している
と指摘しています。

　また，この都市づくりのなかで描かれてきた木密地域の将来像は，「木

密地域の解消」とするだけで，防災以外に目標とする姿に具体性がなく歩むべき道筋がみえないものになっているとも言及しています。木密地域は，一般市街地に比べて高齢者の割合が高く，今後の社会変化によって空閑地や空き家が増大すると考えられます。こうした変化を先見的にとらえ，防災上，あるいは木密地域の再編整備の観点からも，空き家の除却に力を入れ，空閑地も含めて公的利用目的で公的機関が率先して土地を取得する必要があります。そのためにも，まず権利関係が複雑な土地柄なため地籍調査を急がなければならないとしています。そして，木密地域は，都心部等の周辺で拠点駅から徒歩圏内に位置することも多いことから，都市のコンパクト化と空閑地を結び付けて考えれば，過密化した東京を是正する大きな糸口となる可能性があるとしています。

⑸ 木密地域に求められる将来像とは

　第5部は，前部までの考察をふまえ，木密地域に求められる将来ビジョンを提示しています。木密地域の将来像は，これまでの「木密地域の解消」のみならず，地域の特性や利点を生かした夢を語れるような地域像が望まれます。

　「木密地域の解消」という目標像は，従来の整備をこのまま続けても実現することは困難だと結論づけています。一方で，「地域の特性や利点を生かした将来像」の意味を吟味しています。それは，第3部のソフト面の考察を通して見えてくる住む人の安心感や親しみやすさ，様々な年齢層からなる地域社会ということ。これが木密地域の魅力，いわば「木密地域のレガシー」でもあるとしています。残念ながら，従来の整備方法では，この先，地域の姿を変えることをますます困難にし，人口減少等の社会の進展にともない，地域の衰退化が進み魅力も失われていく。時代の大きな転換点といえる今は，過密化する東京を災害に強い都市に

変え，木密地域を優良な住宅市街地に再生できる転機とも考えられます。それには，行政のイニシアティブのもとで，ハード面から東京の都市構造や土地利用を見直すなかで，木密地域の適切な土地利用を図り木密地域のレガシーを適切に反映した再構築を進めること。そうした姿こそが，木密地域の望ましい将来像であるとしています。具体的には，不特定多数の人が一時的に滞留できる大規模なオープンスペースを，木密地域で生じる空閑地を活用し，センターコアエリアの外周部に配置すること。このため，空き地や空き家の除却を促進して積極的に空閑地を生み出し，それを公的利用の目的で取得し集約化する。同時に，最寄り駅などに近い木密地域は，土地を高度利用し，優良な低中層の複合住宅地等に整備していく。このような道筋は，都市のコンパクト化を進める方向とも符合するとしています。これを進める際には，空閑地の取得や管理の考え方は，これまでのように行政が直接投資するという固定化した古い発想ではなく，民間活力を積極的に導入する視点に立って，民間へのインセンティブと木密地域の整備とをリンケージした，新たな創意ある工夫が必要であるとしています。そして，現行の整備の進め方も，不燃化に重きをおくことから，空閑地を積極的に生み出す方向へと大きくシフトしなければならないとしています。

　最後に，将来ビジョンの実現に向けたいくつかの留意点を挙げています。一つは，都市づくりのさまざまな場面で私権の制限との関係に苦慮することがあるが，公益が社会的規範として広く認識され，遵守されるような法整備に真正面から対応すべきであるとしています。二つは，先述のような都市を再構築することは震災復興の段階で行うべきとの考えに傾きがちだが，これは不可能な幻想であるとしたうえで，今後都市の大きな変化を見据え，その動きを的確にとらえた対応が必要としています。さらに，東京では復興時の混乱を睨み「震災復興グランドデザイン」

を策定しているが，これは復興後に東京の現状を克服できるような新たな都市像を展望するものではないことに問題があるとしています。さらにまた，木密地域の整備には，東京のもつダイナミズムを木密整備に活かすことや，木密地域の魅力ともいえるレガシーを都市の再構築に組み込まなければならないことを重ねて強調しています。

　本書は，木密地域を広大に擁する東京を中心に述べていますが，木密地域の解消や将来ビジョンについては，土地利用を含めて検討することの必要性，地域の潜在的魅力を新たな都市づくりに生かすという視点は，地方都市も同様であると結んでいます。

第1部 木造密集地域の現状

| 第1章 | # わが国の都市防火と災害の歴史 |

1. 大火や震災からの学び

　日本は豊かな自然に恵まれている半面，自然災害を受けやすい立地であることはご案内のとおりです。災害にはさまざまな種類がありますが，木密地域に関連の深い大火をとりあげると，消防庁が記録している「大火記録」(注)で発生場所や被害状況を把握することができます。この大火記録や関連資料をひもとくと，1657年（明暦3年）の明暦の大火から，2016年（平成28年）の糸魚川市大規模火災まで，約360年の間に把握できるだけでも163の大火が全国で発生しています。

　明治以降をみると，明治から昭和40年初頭まで，ほぼ毎年全国のどこかで大火が発生しています。大火が最も多い年は1913年（大正2年）でした。2月20日に東京神田，3月3日に沼津市，5月4日に函館市，9月19日に福井県武生町，10月4日に新潟県五泉町と，一年間に5回も発生しました。

　数ある大火の中でも，都市構造や建築規制に大きな影響を与えたものとして，「明暦の大火」，「関東大震災」，「酒田市大火」，「阪神・淡路大

震災」があげられます。

　明暦の大火は，江戸市中が炎に包まれ，火事が多い江戸時代の中でも，特に規模の大きなものでした。この大きな火事によって，江戸のまちの構造は大きく見直され，現在の東京の骨格が形成されました。

　関東大震災では，被害がこれまでの大火とは異なる甚大な規模であったことから，都市計画や建築物の防災について抜本的に見直され，耐震や不燃化，消防水利，道路公園の配置計画，避難訓練など，現在の防災の礎が築かれています。

　酒田市大火は，日本が高度経済成長期から安定成長期に差し掛かり，大火という災害は昔のことと思われつつあった時期に発生した都市部における市街地大火でした。ここでの復興は，その後の各地での復興まちづくりに多くの知見を与えています。

　そして，1995年（平成7年）の阪神・淡路大震災は，わが国の防災まちづくりを大きく変化させるきっかけとなりました。これを契機に，木密地域の改善は，国をあげての重要課題として位置づけられ，取組みへのアクセルがぐっと強く踏み込まれることとなりました。

　本章では，木密地域で生じた主な災害をとりあげ，被災後において防災まちづくりにどのような影響を与えたのかを整理したいと思います。

（注）　大火の定義については定まったものはありませんが，消防庁の大火記録（昭和21年以降）では焼失面積が1万坪以上（約3.3ha）のものが整理されています。明治以前の大火については，消防庁の考えに即していないものもあります。

2.　都市防火の概念が強く芽生えた明暦の大火

火事と喧嘩は江戸の華，と呼ばれた江戸時代。当時，世界でも有数の

第1部　木造密集地域の現状

100万人規模の人口集積都市，江戸には，15％の町人地エリアに人口の6割にあたる約60万人が暮らしていました。彼らが主に暮らした長屋は，壁だけでなく，屋根も板張りのものがほとんどで，高密に立ち並んでいました。見方を変えれば，これら全てが木密地域です。

　このような長屋でいったん火事が発生すると，消防集団である"火消"が消防にあたりますが，江戸の"火消"は，消火するのではなく，延焼する建物を取り壊して燃え広がりを防ぐ「破壊消火」という手法でした。このため，強風で飛び火すると，なすすべもなく一気に燃え広がり，大火になることがしばしばありました。江戸期300年弱の間に，大火だけでも約50，大火でないものを含めると約1,800もあったといわれています。度重なる火災による住宅再建は，多くの大工や左官職人などの職を支えていたこともあり，火災が産業システムとして組み込まれていたともいえます。このため，なかには，建築や火消を職業としている者が，仕事を増やすために放火したというものも多くあったと記録されています。

　さて，数ある大火の中でも，江戸時代最大の大火が1657年（明暦3年）に発生した「明暦の大火」です。季節は早春。旧暦1月（現在の3月）18日から19日にかけて，本郷，小石川，麹町の3か所から出火し，大都市江戸が炎に包まれました。この大火では，江戸市街地の約6割が焼失し，死者数は6～7万人にものぼる，甚大な被害がでています。被害規模は，震災や戦禍を除けば，日本では最大で，世界でも類を見ないものです。

　この大火の復興では，都市構造や建築規制について「都市防火」という視点が多く盛り込まれています。代表的な取組みをいくつか紹介します。

　まず，都市構造の視点では，大火後，江戸城内では上屋敷を城外に移

第1章　わが国の都市防火と災害の歴史

転させ，市内の多くの寺社も市街地周辺部に移転させました。この意図としては，都市を計画的に拡大させることで，市街地の過密状態を和らげることと，延焼防止や避難の機能を充実させることがあります。

　この延焼防止を目的として整備したのが，移転跡地を活用した火除け地と呼ばれる空間や広い庭園などです。火除け地は，火が燃え移らない広い空間で，上野広小路，中橋広小路（現在の八重洲通り），両国広小路などがあります。当時の広小路は，人通りも多く，道路と広場の中間的な空間となっていたため，芝居や屋台など庶民文化の都市空間でもありました。また，紀伊・尾張・水戸の御三家の上屋敷は，城外の麹町と小石川に移転しています。広大な跡地には庭園が整備され，大火が多く発生する冬の北風にのった飛び火に対する延焼遮断帯となっています。この庭園は，今も皇居北西側の吹上御苑として豊かな緑をたたえています。

　つぎに，建築規制では，この大火を機に，火事のあった町方に対し，幕府から屋根の不燃化に関するお触れが出されています。このお触れでは，屋根材として，茅葺や板など可燃性のある材料を使うのではなく，塗屋や牡殻（かきから）葺きなど，火に強い材料が推奨されています。その後，江戸中期には，江戸城に近い京橋や日本橋などの町人地は防火建築指定区域として，土蔵造りなどの防火建築で建てる旨のお触れがだされています。

　最後に，消防という視点では，定火消制度という，初期消火のための自主的な防火組織が組成されました。また，大火後少し時間を経ますが，各所の木戸には，防火用水としての水桶が設置されます。「風が吹けば，桶屋が儲かる」の由来にもなっているものです。

　このように，明暦の大火後，延焼防止と建物の不燃化が重点的に取り組まれており，都市防火の原型はここにあるといえます。

25

第 1 部　木造密集地域の現状

3. 防災まちづくりの基礎を築いた関東大震災

　毎年 9 月 1 日は防災の日です。この記念日は，1923 年（大正 12 年）9 月 1 日に発生した関東大震災にちなんで，1960 年（昭和 35 年）に閣議了承されたものです。この関東大震災とは，いったいどのようなものだったのでしょうか。

　明治期から大正期にかけて，都市部では建築物の不燃化が進められます。代表的なものとしては，銀座レンガ街（1877 年（明治 10 年））や霞が関の官庁街（1895 年（明治 28 年））などがあります。不燃化を積極的に推し進めてきた背景には，火災の復旧にかかる費用や人手を，産業育成など国力の増強に重点化したい意図もあったともいわれています。

　1919 年（大正 8 年）には，都市計画法と市街地建築物法が制定されています。市街地建築物法では，防火地区の制度が設けられ，防火地区内の建築物は，外壁や屋根の材料と構造，防火戸の基準などが規定され，これまで行政のお達しだったものが，ここではじめて法律のもとに不燃化がすすめられることとなりました。

　また，大正期の居住文化として，鉄道沿線による郊外化がはじまっています。関西では全国に先がけ私鉄沿線の住宅地開発が行われ，東京でも田園都市株式会社が沿線開発に着手しており，郊外から都心に通勤するスタイルの原型もできつつあります。ただ，このような住宅地は，裕福な家庭の住宅であり，庶民には高嶺の花でした。このため，都市の計画的拡大は限定的であり，東京都心の人口密度は依然，過密状態でした。旧東京市 15 区は，現在の 23 区と比較すると，面積は 1/8，人口は 1/4 であり，人口密度は現在の 2 倍近くありました。

　近代化がすすみつつも，まだまだ江戸の都市構造であった東京を中心

第1章 わが国の都市防火と災害の歴史

写真1・1 東京の消失エリア（右方向が北）

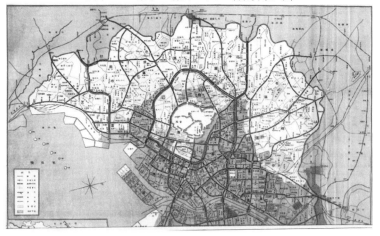

写真1・2 上野周辺の被害状況

出典：国立国会図書館デジタルコレクション『関東大震災写真帖』（1923年，日本聯合通信社 編）

第 1 部　木造密集地域の現状

に，マグニチュード想定 7.9 の巨大地震が襲いかかったのが関東大震災でした。

　当時の住宅は，不燃化への意識はあったものの，地震対策はとられていません。地震発生と同時に 10 万棟を超える家屋が倒壊しました。発生時刻は，11 時 58 分。ちょうど，各家庭で昼食準備の時間帯です。台所にはガスや電気が普及しておらず，かまどや七輪の裸火で煮炊きをすることが一般的であり，台所の火だねなどが倒壊した家屋の木材に引火し，あちこちで同時に火災が発生しました。運悪く，その日は強風が吹いており，火のついた木片が，飛び火として別の個所で火災を引き起こし，瞬く間に市街地全体が延焼しました。火災により，千代田区から江東区まで，東京の東半分が焼失しています。この震災による死者・行方不明者数は約 10.5 万人で，その約 9 割は火災によるものとなっています。

　関東大震災はとてつもなく甚大な被害をもたらしましたが，これを機に，耐震，不燃化，消防など，近代的な防災の考え方は大きく進歩しました。

　主なものとして，まず，市街地建築物法の構造規定が改正され，世界ではじめて地震力規定，いわゆる耐震基準が盛り込まれました。鉄骨造や鉄筋コンクリート造の建築物には「適当な筋交いまたは鉄筋コンクリート造の壁体をもうけること」という事項が追加されています。耐震基準については，その後，1950 年（昭和 25 年）に制定した建築基準法で基準の見直しが行われ（旧耐震），1981 年（昭和 56 年）に新耐震設計基準（新耐震）として強化されています。

　また，消防の点においても，水源を水道に頼っていた防災設備は，地震で断水してしまい消火不能となったため，これを機に消防用水利が確保されるようになりました。このほかにも，ソフト対策としての消防訓練や啓発なども行われるようになりました。

28

第1章　わが国の都市防火と災害の歴史

　関東大震災は，日本の自然災害史上最大級の被害を生じましたが，その教訓は現在でも防災まちづくりの基礎となっています。

4. 復興まちづくりの基礎となった酒田市大火

　2016 年（平成 28 年）末の新潟県糸魚川市大規模火災の際，酒田市大火以来の市街地大火という報道で，酒田市大火という言葉を耳にした方も多いと思います。

　この酒田市大火は，1976 年（昭和 51 年）10 月 29 日の夕方に発生し，焼損棟数 1,774 戸，22.5ha が焼失しました。糸魚川市大規模火災では焼損棟数 147 棟，焼失面積約 4ha だったので，10 倍以上の家屋が被害を受けたことになります。

　1970 年代は，消防法（1947 年）や建築基準法（1950 年）が公布されて 20 年以上の年月が経ち，近代的な法整備が整っていたにもかかわらず，大きな被害が発生したのには，いくつかの要因があります。なかでも，風速 25 m以上の台風並みの強風がもっとも大きな要因です。

　この大火は，日が暮れだした 17 時 40 分頃，中心市街地に位置する映画館から出火したことに始まります。出火後すぐに消防車が駆けつけたものの，放水した水は強風で霧状になってしまい，消火活動は難航しました。一方，強風が火を勢いづかせ，飛び火の範囲は広がります。

　火災の発生した場所は，酒田市の中心市街地であったため，不燃化された耐火建築物のデパートや事務所ビルが延焼を 2 時間近く押し止めました。しかし，強風に煽られている猛烈な火炎に耐え切れず，堰を切ったかのように火災は市街地に広がりました。延焼範囲は南北 200 〜 400 mの幅で，西から東に広がり，最終的には火元から約 1km 先の新井田川

29

第1部　木造密集地域の現状

図1・1　焼失エリア

出典:『酒田市大火の延焼状況等に関する調査報告書』(1977年, 自治省消防庁消防研究所)

写真1・3　鎮火時の市街地

出典:『火災年報(昭和51年版)』(1977年, 山形県)

第1章　わが国の都市防火と災害の歴史

で止まりました。新井田川で火災が消し止められたのは，雨により火災が衰えつつあったことのほか，消防が川岸から風上に一斉放水したことによります。

　さて，酒田市大火は，火災後の復興が大きな特徴となっています。復興まちづくりでは，まず，鎮火後3日目に建築基準法に基づく建築制限区域の指定が行われました。住民が好き勝手に住宅を再建すると，計画的な復興を阻害する恐れがあるためです。その間に，火災後，8日間で復興計画原案をとりまとめ，2か月弱で復興計画が策定されています。策定された復興計画では，土地区画整理事業で市街地全体の再整備に併せ，主要な場所では市街地再開発事業や商店街近代化事業などが計画されました。多様な事業を一体的に取り組む手法は酒田方式とも呼ばれており，阪神・淡路大震災やその後の復興まちづくりにも大いに参考とされています。酒田の中心市街地は，この復興計画により，目抜き通りは2車線から4車線に拡幅され，防火水槽を設置した公園を整備するなど，災害に強いまちづくりが行われています。また，商店街のアーケードが火災の通りみちとなり，延焼を拡大させる要因となったため，復興の際にはアーケードの再建は行わず，1階の壁面のみをセットバックさせ，雨でもぬれずに買い物ができる空間を確保しています。このセットバック方式は，日本ではじめての取組みといわれています。

　これら復興計画におけるほとんどの事業は，約2年半で実現しています。迅速な取組みが進んだのは，行政と住民が新しいまちづくりに向けて共有認識が形成されたことがポイントといえます。その役割を担った一つに『災害速報』があります。『災害速報』は，行政が正確な情報を発信するもので，今でいう「まちづくりニュース」にあたるものです。これにより，デマや誤情報が広がらず，かつ住民や多様な主体の合意形成に寄与したといわれています。

第 1 部　木造密集地域の現状

5. 近代都市に多くの教訓を生んだ阪神・淡路大震災

　日本の防災まちづくりを，科学的・技術的に大きく進展させたのが阪神・淡路大震災。1995 年（平成 7 年）1 月 7 日午前 5 時 46 分，社会や経済の機能が高度に集積する大都市神戸周辺を襲った直下型地震です。死者数約 6,400 人，負傷者数約 4.4 万人，火災発生件数 285 件，焼損棟数 7,483 棟，焼損面積 834,663㎡，住宅の全壊・半壊等の被害件数は 25 万棟超，被害額も概算で 9 兆 6,000 億円にのぼりました。自然災害による被害は東日本大震災が戦後最大ですが，当時としては未曾有のものでした。

　この地震では，大きく二つの学びがありました。現在の都市災害では，どのような事象や被害が発生し，どのような復興が有効なのか，という知見。もう一つは，耐震性の重要性です。

　阪神・淡路大震災では，住宅だけでなくビルや高架道路の倒壊，建物倒壊による道路の閉塞，生活インフラ（ガス，水道，電気）や情報網の寸断など，想定内外のあらゆることが生じました。また，復興においては新しい事業手法が生み出され，住宅再建では，高齢者の生活支援やコミュニティ形成という実験的・先進的でソフトな取組みも多くみられます。

　ここで得られた知見は，貴重なオープンデータベースとして保存（内閣府の阪神・淡路大震災教訓情報資料集等）され，その後の復興や研究に大いに生かされています。関東大震災の被害状況だけでは，詳細な状況やデータが把握できなかったため，このデータベースは次世代にもつながる貴重なものとなっています。

　また，耐震性の重要性については，今でこそ当たり前のものとなって

いますが，当時はまだまだ普及していない状況でした。しかし，阪神・淡路大震災の死者のほとんどは，住宅の倒壊による圧迫死です。建築年別の被害状況をみると，昭和56年以前の建物の約7割が被害を受けていることに対し，昭和57年以降の建物被害は3割以下です。これをきっかけに，国土交通省では，マンションや事務所等に対する耐震診断・改修を行う補助制度を創設しています。また，地震保険の契約件数が急増し，さらに，耐震性能による保険料の割引が適用されたことなどにより，国民の間に広く耐震性の重要性が浸透する契機となりました。

　木密地域を取り巻く環境も，阪神・淡路大震災を機に大きく変化しています。これまでバラバラに実施してきた住環境の改善，道路の整備，不燃化などが「密集住宅市街地整備促進事業」として統合され，一体的な事業として整理統合されました。また，1997年（平成9年）には，木密地域を対象にした法律「密集市街地における防災街区の整備の促進に関する法律」が新たに制定され，2001年（平成13年）12月には，内閣府の都市再生プロジェクト（第三次決定）で「密集市街地の緊急整備」が位置付けられ，国をあげて取り組むこととなります。研究分野では，1998年（平成10年）から4年をかけ，国土交通省の研究機関が防災まちづくりの技術開発「まちづくりにおける防災評価・対策技術の開発」（通称，防災まちづくり総プロ）を行い，科学的識見に基づく評価手法や取組みなどの知見が蓄積されました。東京都での木密地域改善の取組みも本格化され，現在の防災まちづくり推進計画や不燃化10年プロジェクト等につながっています（東京都の取組みの経緯については，第3章で述べています）。

　さて，日本の災害を振り返ると，2016年（平成28年）12月に発生した糸魚川市大規模火災は，燃えやすい市街地と強風で被害が拡大したと

第1部　木造密集地域の現状

写真1・4　避難や復旧を阻害させるビルの倒壊

写真1・5　同時多発火災の発生

写真提供：神戸市

いうメカニズムは，明暦の大火や酒田市大火と同じです。江戸時代から数百年にわたり，まちの不燃化を行ってきたにもかかわらず，いくつかの条件が重なると今も起こり得る，現在進行形の課題であるということが知らしめられました。

　火事や自然災害はいつの時代にも起こりますが，防災まちづくりを推し進める努力によって，被害を軽減させることは可能です。このため，「どこに」，「どのような危険性が」，「どの程度」あるのかを客観的評価手法を用いて把握し，その危険性を解消するため，行政と地域が連携し，持続的に取り組むことが重要かつ不可欠です。

〈参考文献〉

神戸市『阪神・淡路大震災の概要及び復興』平成23年1月

中央防災会議（災害教訓の継承に関する専門調査会）『災害史に学ぶ　風水害・火災編』平成23年

中央防災会議（災害教訓の継承に関する専門調査会）『災害史に学ぶ　内陸直下型地震編』平成23年

国土交通省国土技術政策総合研究所，国立研究開発法人建築研究所『平成28年12月22日に発生した新潟県糸魚川市における大規模火災に係る現地調査報告（速報）』平成29年

都市防災実務ハンドブック編集委員会『震災に強い都市づくり・地区まちづくりの手引き』ぎょうせい，2005年

森下雄治ほか『江戸の塗屋に関する研究』「歴史都市防災論文集」Vol.6，2012年7月

| 第 2 章 | 全国に広がる木密地域 |

1. 全国的に広がりをみせる木密地域

　木密地域は，消防車が進入できない狭い道路，行き止まり道路のたく
さんある地域や老朽化した木造住宅が密集する地域など，災害危険性の
高い市街地ですが，とても多様な特性をもっています。また，地域の歴
史的な形成過程や借家・借地等の土地・建物の権利関係，居住者の防災に
対する意識など，それぞれの地域のもつ特性に応じて課題も異なります。
　そこで，本章では，全国に広がる木密地域の実情についてご紹介しま
す。
　全国的に見て，木密地域がどの程度広がっているのでしょうか。2011
年（平成 23 年）3 月に公表された住生活基本計画（全国計画）によれば，
「地震時等に著しく危険な密集市街地」[注1] の面積は全国で 197 地区，
約 6,000ha に及ぶとされており，とても広い範囲に木密地域が広がって
います。
　木密地域の地域別分布状況をみると，東京や大阪など人口が集中する
三大都市圏に集中していますが，長崎や高知などの地方都市圏にも分布

第2章　全国に広がる木密地域

しています。そして，その特性は，江戸時代の古い町割を基本に土地の細分化が繰り返された地区や戦前の耕地整理(注2)による街区割に基づき形成された長屋地区，戦後の高度経済成長期に面的整備事業が実施されず虫食い的に開発が進んだ市街地など多岐にわたっています。

(注1)　地震防災対策上多くの課題を抱える密集市街地の改善は，都市の安全確保のため喫緊の課題であり，2011年（平成23年)3月15日に閣議決定された住生活基本計画（全国計画）において，「地震時等に著しく危険な密集市街地の面積」197地区，約5,745haを2020年度までに概ね解消するとの目標を定めました。なお，2016年（平成28年)3月に閣議決定された住生活基本計画（全国計画）においては，2016年の速報値として，2020年度末までに最低限の安全性を確保する市街地として約4,450haに改められています。

(注2)　「耕地整理」とは，在来の農地を区画整理して，用排水路の利便性を向上させたり，通路を整備する事業をいいます。

2. 市街地の歴史的形成が異なる近畿圏と関東圏

　木密地域の特性を表す要素としては，街区割や道路形態，地形などの物理的な特性や土地・建物の所有・権利関係，住宅需要など地区のもつ開発ポテンシャルなどがあります。街区割や道路形態は，地区の骨格を形成するもので，木密地域の市街地形成に大きく影響します。木密地域を街区割や道路付けで分類すると，街区の形状を持ち道路がネットワークしている地区と，街区が形成されず道路が未整備な地区に大別されます。

　たとえば，近畿圏では，建築基準法やその前身である市街地建築物法以前に建てられた戦前長屋が戦災を免れ今なお面的に広がっている地域があります。これらの多くは，耕地整理により一定水準の道路整備がな

37

第 1 部　木造密集地域の現状

図 1・2　京都市西陣地区：敷地割と行き止まり状の路地

写真 1・6　京都市西陣地区：行き止まり状の路地と町家

第 2 章　全国に広がる木密地域

写真 1·7　行き止まり，クランク道路の多い東京の密集市街地

写真 1·8　幅員は狭いが耕地整理等で整理された道路に面する長屋。関西に多い。

され，街区をつくっていますが，道路は狭く敷地一杯に建物が建てられています。

　そのため，建替え更新の際，現在の建築基準法^(注3)に適合させるため敷地境界線から建物を後退させ道路を広げることが必要になりますが，もともと敷地が狭いため，敷地の一部を道路に提供すると建替え前の床面積が確保できず建替えできない場合も多くあります。

　また，京町家で有名な京都等の歴史的市街地では，袋路^(注4)に町家が連続する街並みが形成されてきました（**図1・2，写真1・6**）。町家とは，5m程度の狭い間口と，10〜15mの長い奥行をもつ建物が連続したもので，「ウナギの寝床」のような形をしています。このような形態の建物ができた理由としては，江戸時代には間口の幅によって税金の額が決められたため，多くの町家が細長い構造になったといわれています。京都市内では，平成22年時点で48,000軒程度ある町家のうち毎年約2%が消失していると聞きますが，今も袋路を特徴とするヒューマンなスケールの街並みが残されています。こうした地域では，狭いながら道路ネットワークがしっかりしている反面，軒を連ねるため，仮に空き家が発生したとしても建物ごとの更新が難しく，路線や街区単位で老朽木造住宅が残されています。

　一方，東京や横浜など首都圏内には，戦後の都市部への人口集中に対応するため，道路が未整備の状態で住宅開発された市街地もたくさんあります。行き止まり状の道や通路が分断された状態で残り，「街区」すら形成されていない地区も多く存在します（**写真1・7，1・8**）。

　こうした地域では，建築基準法の道路に接する敷地で建替え更新が進むものの，道路に面さない宅地が集中する通称「アンコ」と呼ばれる街区の内部においては，老朽木造住宅が建替え更新されない状態で残されています。また，地主Aさんの土地をBさんが借地して木賃アパートを

第 2 章　全国に広がる木密地域

建設し，それを C さんに貸すなど権利関係も複雑に入り組み，合意形成が難航し，古くて危険な建物でも建替え更新されない状態となっています。

　近畿圏と東京圏の木密地域について概括しましたが，それぞれの地域の現状についてより具体的に見ていきたいと思います。なお，東京の木密地域については，第 3 章の「東京における木密地域の現状」で詳述します。

> （注 3）　建築基準法第 42 条では，建築基準法上の道路に 2m 以上接道することが建物を建てる要件となっています。幅員 4m 以上が建築基準法上の道路と定義づけられますが，建築基準法が施行された 1950 年（昭和 25 年）時点で，2 軒以上の立ち並びがあった道路について，幅員 4m 未満でも建築基準法第 42 条第 2 項の道路として位置づけられています。この道路に面した敷地で建て替える場合，建替えに併せて，道路の中心線から 2m 後退させることが必要になります。そして，木密地域内には，建築基準法第 42 条第 2 項道路や建築基準法上の道路に位置付けられていない多くの道や通路があります。
> （注 4）　「袋路」とは，行き止まり状の道路や道，通路をいいます。

3.　地域の市街地特性で異なる木密地域

⑴　近世の町割が長屋化した大阪の木密地域

　大坂は，近世最大の商業都市として栄え，多様な店が軒を連ねた賑わいある街並みが形成されましたが，表通りの町家の裏側には裏長屋が路地に沿って建てられ庶民生活の場となっていました。江戸時代，天保年間（1830 年～ 1844 年）の大坂の町家や街並みを再現した資料によれば，1 室か 2 室の押入のない簡素な間取で路地の奥には共同の井戸や便所が設けられていたといいます。

41

第1部　木造密集地域の現状

図1・3　大阪府の「地震時等に著しく危険な密集市街地」の区域図

■　地震時等に著しく危険な密集市街地

出典：国土交通省 http://www.mlit.go.jp/report/press/house06_hh_000102.html

　江戸時代，中層以上の商家は表通りに独立した店を構えましたが，それ以外の町人や職人のほとんどは裏町の長屋に借家住まいでした。当時，借家人や住み込みが全体の約8割を占めていたといわれています。
　たとえば大阪市内の船場地区では，地域のコミュニティ単位として40間約70m四方の街区が形成され，中央，東西に背割下水が通る構造で，

道路を挟んだ両側に街並みが形成され，地縁的な住民組織によるコミュニティを形成していました。しかしその後，産業・工業の発展に伴い人口が急増し，それに伴い無秩序な市街地が拡がっていきます。戦前，都市住居として長屋が一般化します。長屋とは一棟の建物に2階建住戸が複数戸連続する形式のもので，住戸内に階段を持ったものです。借家ということでは賃貸アパートと同じですが，戦前の長屋は安普請の住宅が道路や排水，便所などの設備が不十分なまま建てられ，低質な長屋などが虫食い状に広がっていくことになります[注5]。

戦前の長屋は，中央区の月島地区等の東京の下町にも残存していますが，その多くは関西圏，特に，大阪市内，JR大阪環状線外周部を中心として戦前長屋等の木密地域が広がっており，国土交通省が指定した「地震時等に著しく危険な密集市街地」だけでも約1,300haに及んでいます。

(2) 耕地整理により形成された神戸の木密地域

大阪市に隣接する神戸市でも，今なお木密地域が残されています。明治時代，1909年（明治42年）の耕地整理法の改正を契機に，神戸市内では複数の地区で耕地整理により大区画が整備されたことを契機として市街化が進展しました。初期の耕地整理により形成された街区では，街区の設計基準が定まらず，建築物の建設に際して区画の再分割が必要となるような大街区が設計されました。その結果として，計画された街区にもかかわらず，住まいや店舗，町工場などの建物用途が混在した木密地域が形成されます。こうした地区では，耕地整理組合結成から100年以上が経過し，1995年（平成7年）に発生した阪神・淡路大震災を経た現在でも，密集した市街地が残されています[注6]。

第1部 木造密集地域の現状

表1・1 密集地域の市街地類型

地　域	市街地類型	
都市部	戦前長屋	戦前に建てられた長屋が戦災を免れて，今も集積している地区。
	木賃アパート密集地区	駅前周辺などに今も残る木造賃貸住宅・アパートが集中する地区。土地・建物の権利関係が輻輳している。
	住商工混在型密集地区	下町地域など，商工業のまちとして発展した職住近接型市街地。狭小住宅が集中するが，商店街等が立地し，ヒューマンな市街地を形成。
	スプロール地区	戦後の高度成長期の人口集中に対応するため，道路等の基盤が未整備な状態で住宅開発された地区。
	町家地区	京都や金沢など，歴史的な風情が残る町家形式の住宅が集積する地区。
地方都市	漁村集落	漁業を主産業として形成された漁村集落。湾から狭あいな道が狭い間隔で並走する。
	斜面地密集地区	平坦地が限られていたため，斜面地を利用して開発された密集市街地。

(3) 九州地域に広がる斜面地密集地域

　木密地域を地形的な特徴で分類すると，斜面地，平坦地の狭い谷戸集落，平坦地に大別されます。図1・4，写真1・9に示すように，斜面地が多い長崎市では，4地区，約262ha が国土交通省の定める危険密集市街地に位置づけられています。長崎市内の斜面地を抱える地域では，市街地として有効な土地が限られていたため密集せざるを得ず，斜面地に家屋が密集しました。こうした地域では，斜面地特有の問題として，地形的な高低差から道路に接していない宅地も多く，地区改良事業(注7)など地形的な改変を伴う整備改善が必要な地区も少なからず存在します。

44

第2章　全国に広がる木密地域

図1・4　斜面地密集市街地

写真1・9

（図・写真とも長崎市十善寺地区）

第 1 部　木造密集地域の現状

(4)　津波被害が懸念される漁村密集地域

　三重県尾鷲市や和歌山県海南市などの湾岸部では，斜面地と同様に市街地として有効な土地が限られていたため，狭い平坦地に密集して形成された漁村集落もあります。こうした地域は東京や大阪の木密地域と比較すると立て詰まっていませんが，湾から陸に向かって狭あいな道路が狭い間隔で並走しています。そして，敷地も狭く，軒を寄せ合うように老朽木造住宅が並んでいるため，個別更新が困難な地区も多く残されています。また，漁村集落特有の津波問題もあり，地域レベルの災害対策も求められる地域といえます。

(5)　卓越風が大火災につながった糸魚川地区

　2016 年（平成 28 年）12 月 22 日，糸魚川市で大火災が発生しました。中華料理店から出火し，折からの強風と密集した住宅地，そして地域消防力の弱さが相まって，飛び火した建物が延焼，大火災に発展しました。糸魚川市は，新潟県の最西端に位置し，日本海に面した市で，漁業を主産業とする漁村集落として形成されてきました。糸魚川火災で延焼した地域は比較的住宅が密集した地域ですが，国土交通省が指定した「地震時等に著しく危険な密集市街地」に含まれていません。しかし，こうした地域でも，春から秋にかけて顕著に現れる海岸地方の季節風による飛び火により火災し，延焼する危険性があることが浮き彫りになりました。そして，糸魚川地区に類似する市街地は，地方都市にたくさん存在します。

　たとえば，富山市の射水市放生津地区。射水市は，富山市と高岡市に挟まれた場所にあり，放生津地区は古くからの港町です。海からの眺めや内川の風景など魅力的な景観をつくっている一方，狭い道路や老朽

第2章　全国に広がる木密地域

写真1·10　射水市放生津地区の現況

47

第1部　木造密集地域の現状

化した木造住宅が立て詰まった地域で，地区内には廃墟となった空き家も散在しています。この地区も糸魚川地区同様に，「地震時等に著しく危険な密集市街地」には位置づけられていませんが，災害の危険性は残されています。

　このように，木密地域は，街区割や道路形態，地形条件，地域の気候風土，歴史的な形成過程など非常に多様性に富んでいます。そのため，木密地域の改善整備の方向性も地域特性に応じて大きく異なってくるのです。

(注5)　北山啓三『未来へ手渡す HOUSING POLICY ―大阪住宅・まちづくり政策史』大阪公立大学共同出版会

(注6)　柴田純花，窪田亜矢（2015年10月）「耕地整理による戦前期の用途混在密集市街地の形成実態及び社会的評価に関する研究」公益社団法人日本都市計画学会『都市計画論文集』Vol.50，No.3

(注7)　「地区改良事業」とは，不良住宅が密集し，危険な状態にある地区の環境改善を図り，新規住宅の集団的建設を実施する国土交通省の補助事業メニューをいいます。事業主体は地方公共団体で，不良住宅の買収・除却や改良住宅の建設等に国の補助が投入されます。

<table>
<tr><td>第3章</td><td>東京における木密地域
の現状</td></tr>
</table>

1. 東京の木密地域の形成

先述のとおり，木密地域は全国的な広がりをもち，それぞれ，地域の特色もみられます。戦前に耕地整理で整備された地域や，戦前長屋を主体とした地域，また，斜面地域や漁村地域のなかにあったり，宿場町や街道筋の町であるほか，京都など歴史的文化を育んできた地域など，形成された経緯によって，いくつかの類型に分けることができます。

東京などの大都市圏では，主として明治末期から戦前にかけての都市化の過程で形成されたものや，昭和30年代以降の高度経済成長期に郊外へスプロール的に形成されたものと考えられます。

では，関東大震災の前後，第二次世界大戦の復興後において，東京の市街地はどのような状況だったのでしょうか。

大震災が起こる以前の1921年（大正10年），東京には全国の人口約5,700万人の約7％にあたる約380万人が住んでいました。現在の山手線の内側と東側にあたる文京区や台東区，その周辺を含む5区を中心に，すでに少し過密な市街地を形成していました。

49

第1部　木造密集地域の現状

　ところが，その後の大震災の発生により，これら5区はもとより，東京市の約40%が火災で焼失しています。震災の後，道路などの都市基盤が整備されないまま，地盤の弱い下町地域や農地などでは急ピッチに市街化が進み，密集地域が形成されていったのです。

　1932年（昭和7年）になると，東京の人口は全国約6,700万人の約9%にあたる約580万人が居住する都市に膨れ上がっていました。木密地域は，都心から放射方向に外延的に広がり，東京の西方では杉並区・中野区，北方では北区・荒川区・足立区，東方では葛飾区・江戸川区へと，都心から同心円を描くように拡大しています。このときには，ほぼ現在と同じ位置に木密地域が形成されているのです。

　戦後においては，都市の復興と高度経済成長路線の波に乗って都市化は急激に進行していきました。この勢いに押され，都市の基盤整備のタイミングを逃したまま，人口増加の受け皿として随所に木造住宅や木賃アパートが建てられ，密集市街地が加速化したのです。

　その後も，国の経済成長に歩調を合わせ，人口は加速度的に膨張していきました。1967年（昭和42年），国内人口はついに1億人を突破しています。人口急増期の昭和30年代から40年代にかけては，東京など大都市では深刻な住宅不足が生じています。住宅の大量供給に対処するためニュータウン開発が次々と行われ，そのピークを迎えたのも，この時期にあたります。工場跡地の開発や再開発など，さまざまな方法で住宅が建設されました。市街地内では道路や下水道など生活関連施設の整備が遅れ，ミニ開発など土地利用の混乱による日照紛争などの問題も生じています。

　たとえば，墨田区の京島地区を例にその歴史を振り返りますと，現在の地域がほぼつくられたのは，大震災で焼け出された下町の住民たちがこの地に移り住んだものとされています。宅地化は，田んぼに新築の際

50

第3章　東京における木密地域の現状

に発生する木屑などを撒いて地盤を固め，にわか仕立ての長屋をそこか
しこに建てたことに始まったとされます。多くの罹災者が基盤整備もさ
れていないこの地域に住みついたのが街並みの基礎になったのです。し
かも，ここは奇跡的に戦災を受けずに今日に至ったとされます。戦後間
もない頃には，戦災による被災者も含めて多くの人が移り住み，稠密な
市街地が形成されたのです。

　戦後のピーク時の人口密度は，およそ 1,000 人 /ha 近くともいわれま
す。その後，ピークが過ぎ去った 1975 年（昭和 50 年）頃でも約 500 人 /
ha の人口密度であったとされます。

　ちなみに，2016 年（平成 28 年）1 月の住民基本台帳による東京の人口・
世帯数では，東京区部の平均人口密度は約 62 人 /ha，墨田区で 190 人 /
ha，最も過密な豊島区で 216 人 /ha となっています。こうしたデータ
をみても，戦後から高度成長期にかけての京島地区がいかに過密であっ
たかを想像できると思います。

　一方，東京の住宅総数は，1953 年（昭和 28 年）から 1963 年（昭和 38 年）
にかけて約 110 万戸程度から約 250 万戸に急増した時期がありました。
その後も，一貫して増え続け，2013 年（平成 25 年）の住宅・土地統計
調査の結果では約 736 万戸，前回 2008 年（平成 20 年）調査時の約 698
万戸をさらに更新しています。

　このうち木賃アパートは，1963 年（昭和 38 年）当時には民営借家の
およそ 7 割，借家全体の半分程度を占めていました。これをピークに木
賃アパートの割合は減少していきます。京島地区の例などからも，木密
地域での人口密度のピーク時と重なっているように思われます。

　同じ東京の木密地域でも，杉並区阿佐ヶ谷や世田谷区太子堂などは京
島地区と風情が異なっています。それは，宅地化の経緯に少し違いがあ
るからです。これら地域の密集市街地は，鉄道の開通などにより市街地

51

第1部　木造密集地域の現状

の外延的拡大が進み，十分な基盤整備がないまま農地を食いつぶすかたちで宅地化が進行した一帯とされています。

2. 阪神・淡路大震災を受けて

　阪神・淡路大震災は，これまで大きな震災に遭遇したことのない，諸機能の集積した近代都市で生じたものです。高速道路や空港，港湾といった都市インフラなどに大きな被害をもたらしました。国民の多くが，早朝のテレビニュース等でこの惨事を目の当たりにし，驚愕のあまり言葉もなく，息を呑む思いだったと思います。なかでも，多くの死者・負傷者等をともなった神戸市等での木密地域の延焼火災はショッキングな出来事でした。

　同じように木密地域を広範に抱える東京においては，もはや対岸の火事では済まされませんでした。東京都や関係区市では大きな動揺に包まれたのです。

　こうした地震や火災，風水害などの自然災害等の発生に対処するため，災害対策基本法にもとづき，各地方自治体では，地域防災計画を作成することを義務付けられています。しかし，予防から応急措置，復興までを包含するものですが，どちらかといえば災害の事後的対応の性格が強いものとなっています。つまり，災害を未然に防ぐための都市づくりの観点からは十分とはいえないものでした。

　このため，東京都は，震災を予防し震災時の被害拡大を防ぐことを目的に，1995年（平成7年），急遽，木密地域に焦点を当てた地域防災計画とするため，大きな修正を行いました。修正とは，いわば災害の事前復興の考え方に立った「防災都市づくり推進計画」（以下，「推進計画」

といいます）を作成し，地域防災計画の一部として位置づけたのです。この推進計画を，木密地域を擁する地元区市とともに1997年（平成9年）3月に策定しています。

　こうして，阪神・淡路大震災の発生は，震災時の事前対策の必要性を強く訴え，東京都の動きを促す大きな契機となったのです。

　推進計画の策定により，東京における木密地域整備の考え方や方向性が，この時期にほぼ確立したといえます。その後，概ね5年ごとに見直され，2016年（平成28年）3月には三度目の改定が行われています。改定を重ねるごとに整備が充実され，市街地の状況も少しずつ変わって整備範囲等も縮小されてきています。

3. 木密地域をどうとらえるか

⑴ 木密地域の定義

　当初の推進計画では，木密地域をどうとらえるかが課題でした。住宅用途を主体に建物が建て込んでいる場所は，誰からも視覚的に木密地域と理解されますが，いざ，これを定義するとなると難しい問題となります。

　また，行政がつくる計画ですから，防災上の施策を実施する範囲を明確にし，時間軸のなかで，将来何を目標に，どこまで実現するのか，内容とプロセスを明らかにする必要があります。公的資金等を投入するわけですから，選択と集中という点で地域を限定し，重点的に実施する必要があるからです。

　そこで，当初の推進計画では，木密地域を「防災上や住宅・住環境上

53

第 1 部　木造密集地域の現状

の問題を抱える地域」と定義したうえで，「密集」・「木造」・「老朽」の
三つの視点から，町丁目を単位にして市街地を分類したのです。

　そして，これらを「木造建物棟数率」が 70％以上，「老朽木造棟数率」
が 30％以上，「住宅戸数密度（世帯密度）」が 55 世帯 /ha 以上，「不燃領
域率」が 60％未満を，その指標として設定し，このすべてを満たす地
域を抽出しています。これを，東京都が施策対象とする木密地域とした
のです。なお，老朽木造とは，当初，築 25 年以上経過した 1970 年（昭
和 45 年）以前の建物を対象としましたが，その後の改定で，新耐震基
準と整合させ 1980 年（昭和 55 年）以前の建物に変更しています。

(2)　不燃領域率とは

　ここで「不燃領域率」という聞き慣れない言葉がでてきます。これは，
市街地の延焼性状を評価する一つの指標です。いわば市街地の燃え難さ
の程度を表わしており，建物の不燃化率と道路等の空き地率（地域内で
のオープンスペースの割合）から算出されるのです。

　この不燃領域率は，建物の焼失率との相関関係から，不燃領域率が高
ければ高いほど，建物の焼失率が低下していきます。つまり，耐火造等
で不燃化された建物の割合が高く，道路や広場，学校などの空き地が多
ければ，不燃領域率が高く，延焼し難い地域となるのです。

　たとえば，不燃領域率が 30％ならば，焼失率は 80％程度となり，危
険な状態です。しかし，不燃領域率が 40％程度に達すると，これを境に，
焼失率は一気に 20％程度へと急激に低下します。この段階では，住民
が避難する際に，多少の時間的ゆとりができ，人命確保がより容易にな
ると考えられます。このような状態を「基礎的安全性」と称しています。
木密地域にあっては，少なくともこの基礎的安全性が確保できるよう，
都市づくりを進めることを目指しています。

第3章 東京における木密地域の現状

図1・5 東京の木造住宅密集地域

出典：平成9年東京都住宅局（現在は都市整備局）「木造住宅密集地域整備プログラム」

そして，不燃領域率が40％を超え60％程度以上に高まると，焼失率はほとんどゼロに近く安全な状態となるのです。

不燃領域率の考えは，もともと昭和50年代後半に当時の建設省の都市防火対策手法として研究開発されたものです。東京都では，この考え方をベースにして木密地域の実態を勘案し，独自の検討結果を加味した内容としています。

(3) 木密地域の範囲

木密地域に該当する場所を抽出すると，23区と多摩の8市（現在7市）に及んでいます。東京区部を中心に約24,000ha，区部面積の約40％が相当しています。それは，環状6号線と7号線に囲まれた同心円状のベルト地帯や中央線沿線地域を中心に広がっています。

55

第1部　木造密集地域の現状

このうち，特に，密集の程度や木造建物の集積割合が高く，不燃領域率の低い，延焼の危険性が高いところは早急に整備すべき地域としています。「老朽木造棟数率」が 45％以上，「住宅戸数密度」が 80 世帯 /ha 以上，「不燃領域率」が 40％未満と，木密の一般的な基準よりさらに厳しい指標により選定しています。都内では，これに該当する地域は，約 5,800ha，区部面積の概ね 1 割弱に相当しているのです（図 1・5）。

4. 東京における防災都市づくりの考え方

東京都では，市街地を道路等で一定範囲に区画して延焼火災を防御するという「防災生活圏」の考え方を防災都市づくりの基本としています。この計画理念は，小中学校区程度の規模で，延焼遮断帯による市街地の分節化と，地域社会による防災対応力の強化によって「逃げないですむまちづくり」を目指すものです。

ここで延焼遮断帯とは，広幅員の都市計画道路や鉄道，河川等を都市の骨格軸とする不燃防火帯であり，これにより市街地の延焼拡大を防御する，いわゆる焼け止まり線をつくることです。

防災生活圏の考えは，1981 年（昭和 56 年）の都市防災施設基本計画で示されたものです。都内での平均的な圏域は約 65ha，700 箇所からなり，今日でも，東京の防災都市づくりの基本的な考え方としています（防災都市づくり推進計画では，多摩 8 市を含めて 800 か所としています）。同じ頃には，墨田区では「防災区画化計画」，足立区では「防災輪中構想」も提唱されています。いずれも，市街地を区画化して延焼火災を防ぐとする考え方は共通しているのです。

さらに歴史を遡れば，延焼遮断帯や防災生活圏の起源ともみられる考

第 3 章　東京における木密地域の現状

えを見出すことができます。延焼遮断帯は，1952 年（昭和 27 年）に耐火建築促進法が制定され，3 階建て以上の耐火建築物を幅員 11m の路線式防火地域内に建設することにより防火建築帯を造成する考えに由来するものです。この法律では，耐火建築物を促進するため，建築主に対して国・県市からの補助制度を設けています。この流れは，後の都市再開発法へとつながっていきます。耐火建築促進法による防火建築帯の指定を最初に受けたのは，1952 年（昭和 27 年），大火に見舞われた鳥取県でした。そして，この延焼防止効果は，1956 年（昭和 31 年）の秋田県大館市の大火で，この防火建築帯が焼け止まり線となったことにより実証されています。

　同じように，防災生活圏についても昭和初期の時代における空襲から都市を防御する防空対策に源泉がみられます。当時，空襲による市街地大火を防ぎ重要施設を防御するのが目的でした。約 25m の広幅員道路と道路の両側各 35m の緑地帯で防火ブロックを形成し，緑地帯の中に避難路を確保して防空壕に通じるものです。このときの防火ブロックは近隣住区単位で約 300ha と，現在の防災生活圏よりも大きな圏域でした。

　さて，話をもとに戻しますと，災害の危険性が高く早急に整備すべきとする木密地域は，後述する地域危険度の高いところとほぼ重なっています。これを防災生活圏単位で選定した 28 地域，約 6,900ha を「整備地域」（当初計画では「重点整備地域」と称し，25 地域，6,000ha を選定）としています。このうち，特に重点的に取り組むべき区域（「不燃化特区」）53 地区，約 3,100ha を「重点整備地域」としています。

57

第 1 部　木造密集地域の現状

5. 木密地域の災害危険性

(1) 市街地火災と建物の倒壊

　地震が起こると，揺れによる建物の倒壊や火災の発生による延焼が大きな被害を引き起こす可能性があります。

　1923 年（大正 12 年）に発生した関東大震災は，東京と横浜に壊滅的な被害を与えました。当時の東京市では，建物の倒壊が約 8,100 棟で，この倒壊した建物が火元となって生じた市街地火災が大きな被害をもたらしたのです。市域の約 40％にあたる 3 万 4,000ha が焼失しています。死者の約 90％は火災によるもので，墨田区の陸軍被服廠跡では火災旋風により約 4 万 4,000 人が焼死したほか，約 1 万人が避難の途中での焼死，または火に追われての溺死だったといわれます。

　一方，阪神・淡路大震災では，死者約 6,400 人，負傷者約 4 万 4,000 人，建物被害約 25 万棟，焼失面積約 66ha の大きな被害をもたらしました。この犠牲者の死因の約 90％は，家屋や家具の倒壊による圧迫死で，残り 10％が焼死によるものとされています。それぞれ時代は異なりますが，こうした大地震による木造家屋の被害は，我々に多くの教訓を与えています。

　一つは建物の倒壊です。これは，建物の立地する地盤条件や耐震性と大きく関係しています。関東大震災では，柔らかい沖積層が堆積した東京の下町で木造建物の被害が大きく，堅い土蔵の被害は少なかったとされます。また，阪神・淡路大震災時に，神戸市では軟弱地盤の箇所に被害が集中し，17 万戸という数の家屋が破壊しています。これらは，地盤の卓越周期と建物の固有周期がほぼ同じ場合に生じる共振現象が，大

58

第3章　東京における木密地域の現状

きな被害につながった要因と考えられています。ちょうどブランコが反
復する寸前，手で押すとブランコが加速されるように，建物の揺れが激
しさを増し，そして建物強度の限界を超えたとき，ついに建物は壊れて
しまうのです。

　一方で，建物の耐震性は，阪神・淡路大震災やその後の熊本地震でも
問題が指摘されていますが，壁量の不足や補強が不十分な新耐震基準を
満たさない建物に被害が集中しています。熊本地震でも，地震による直
接死で約7割が家屋などの下敷きになって亡くなったとみられています。

　木造家屋の被害でもう一つは怖いのは，市街地火災です。木密地域で
は木造家屋が密集しているため，その危険性は高いと考えられます。大
火災につながるのは，地震の発生する季節や時刻，その時の風環境もあ
りますが，同時多発火災による消防力の分散，水利不足，建物や道路の
損壊による通行障害，交通渋滞などの要因が複合して消火活動が阻害さ
れ，大きな延焼火災につながります。

　一般に，耐火建物の混在率が高く隣棟間隔が長いほど延焼速度は遅く
なります。また，緑・公園などのオープンスペースや広幅員道路も延焼
速度を遅くする点で有効で，焼け止まり効果もあるとされています。

　関東大震災の発生は9月1日の午前11時58分でした。折から台風が
接近しており，秒速10mの強い風が吹いており，昼時で多くの火源が
あったのが大きな被害につながったといえます。出火箇所と飛び火を含
め，延焼火元は112箇所でした。また，2016年（平成28年）11月に発
生した糸魚川市駅北大火も日本海に向かって秒速13mの強い風が吹き
抜けていました。飛び火などの延焼火災と消防用水不足が大きな原因と
されています。

　阪神・淡路大震災時の神戸市では，62件の出火に対して駆けつけた
消防車が28台しかなかったといいます。周辺地域や首都圏からも出動

59

第1部　木造密集地域の現状

したのですが，極端な交通渋滞で消防車両が現地に行き着けず，十分な消火活動が困難だったのです。これが大火に発展した大きな原因とされています。

(2)　東京の地盤

　建物の倒壊は，地盤条件と大きく関係しています。では，東京の地盤はどのようになっているのでしょうか。東京の地層は，大まかにいえば，西の多摩方面から南の神奈川県境にかけた山地・丘陵，東の千葉県側の下町の沖積低地，そしてほぼ中央部に位置する山手台地，台地を刻む谷底低地に分類されています。これは，区部から多摩方面に伸びる東西の崖線と，山手と下町を区分する南北の崖線で地層が異なっています。

　多摩方面の地層は年代が古く固結した洪積層で，下町方面は年代が比較的新しい沖積層で形成されています。沖積層は，海面下の堆積物による軟弱な地盤となっています。このため，先述のように，東京東部の下町方面では，地震が起きた場合に木造家屋では揺れが増幅され，被害が発生しやすい地域なのです。

　また，阪神・淡路大震災や熊本地震では，活断層に沿って地震の大きな被害がみられました。東京でも，この活断層の存在が気にかかるところです。東京では，立川断層帯や関東平野北西縁断層帯が知られています。1995 年（平成 7 年）以降に各自治体の調査が行われていますが，未だ実態はつかめていません。各地で都市開発が進んでいるため，活断層が伏在していても，地表からその分布を確認できないのです。活断層は内陸型の地震で大きな断層のズレを引き起こすのですが，東日本大震災のような海溝型の地震に比べれば，地震の発生する確率は相当低いものとされています。

(3) 地震による地域危険度と被害想定

　東京の木密地域が地震時の火災や倒壊の危険性があるのはわかりましたが，それを科学的に実証することも必要です。地震に伴う地域危険度調査や被害想定は，一定の条件を設定し，その結果をシミュレーションしたものです。地域危険度調査は，震災対策条例にもとづき，1976年（昭和51年）11月から行われ，その結果を公表しています。都内の市街化区域の5,133町丁目について，建物などの最新データや新たな知見を取り入れ，概ね5年毎に調査を行っています。

　2013年（平成25年）9月に行われた調査では，建物倒壊の危険性を示す建物倒壊危険度，火災の発生による延焼の危険性を示す火災危険度，これら建物倒壊や延焼の危険性からの地域の総合危険度，さらに災害時の避難や消火・救助等の活動の困難さを示す危険性を表わす災害時活動困難度を考慮した危険度を町丁目ごとに測定しています。

　なお，地域危険度は町丁目ごとの危険度合いを5つのランクに分けて，相対的に評価しています。これによれば，危険度の高い地域は，いずれも木造建物が密集している地域に多く，区部の環状7号線沿いにドーナツ状に分布するとともに，JR中央線沿線（区部）にも分布しています。

　一方，被害想定は，国の中央防災会議や東京都防災会議で実施されています。最近のものでは，2012年（平成24年）4月の「首都直下地震等による東京の被害想定」，2013年（平成25年）5月の「南海トラフ巨大地震等による東京の被害想定」が公表されています。これらの被害想定は，過去の地震など一定の震源モデルから都内の震度分布を考慮し，地震や津波による被害の影響を想定するものです。

　この首都直下地震等によれば，冬の夕方18時に風速8mの厳しめの条件下では，震度7の地域が出現し，震度6強の地域は区部の70％で

第 1 部　木造密集地域の現状

発生するとしています。これにより，木密地域を中心に，人的被害は 1 万人弱，建物被害は約 30 万棟となり，死亡原因の 56％が建物倒壊で，42％が地震火災によるものと想定しています。

　このような危険度調査や被害想定の結果で危険性が高いとされる地域が，図 1·5 で示したように木密地域と重なり合っており，これが大きな問題といえるのです。

6. 木密地域の住環境

　木密地域は，これまでの市街地の形成過程からみても，一般に狭あい道路や行き止り道路，狭小敷地や接道不良地が多いこと，権利関係が複雑なこと等によって，建替えが進みにくい状況にあります。また，人口が減少している地域も多く，高齢化が急速に進展しているなどから，建替え意欲の減退等により老朽木造の更新が進んでいない実態もみられます。おまけに，居住面積の小さな老朽アパートも多いことや，近年では戸建て住宅を中心に一般市街地より空き家率が高い傾向もうかがえます。

　たとえば，道路の場合には，幅員 15 〜 20m と広い補助幹線道路が 1 km 間隔に，幅員 8m 以上の地区内幹線道路が 500m，幅員 6m 以上の生活道路が 250m 間隔に計画され，そして敷地に面する道路が 4m 以上とするのが理想的な計画といえます。

　災害時には消防活動が円滑に行われなければなりませんが，消防車の通行には 6 〜 8m の道路幅員が必要とされています。

　その上，消火活動が行えるようにするためには，消防ホースの稼働距離から考えて，250m 間隔でこの幅員の道路が配置されていなければなりません。

第3章　東京における木密地域の現状

　しかし，木密地域では4m道路でさえもネットワークされていないのが実態です。一般市街地での4m未満道路や未接道の道路は，23区平均では，区内道路の約30％程度を占めています。しかし，中野区野方地区の木密地域では約64％であるなど，一般に木密地域では高い割合となっているのです。

　一方，都の調査結果から，近年の木密地域における高齢化や人口密度の動向をみると，木密地域の多くで，一般市街地に比べて，高齢化のスピードが速まっています。

　また，逆に人口密度は，一般市街地と対比して減少しており，木密地域では人口流失などで人口が減少している様子がうかがえます。

　人口密度が小さくなっていること自体は，すし詰め状態が緩和されていることであり，特に問題とは考えられませんが，人口流失の原因が若者の流失であったり，人口減少が空き家の発生を高めているのであれば話は別です。実際，木密地域では高齢化や地域の衰退，防犯という深刻な問題を抱えているのです。

　今日，木密地域の様相は，明らかに一般市街地と異なっています。また，時間経過のなかで，木密地域そのものの態様にも大きな変化が生じてきているのです。

〈参考文献〉

東京都「防災都市づくり推進計画」1997年，2004年，2010年，2016年

東京都「あなたのまちの地域危険度／地震に関する地域危険度測定調査（第7回）」2013年

越澤明『復興計画』中公新書，2005年

日本都市計画学会「木造密集市街地におけるまちづくり手法に関する研究－東京都中野区野方地区を事例として－」『都市計画報告書』No.4，2005年

第 1 部　木造密集地域の現状

二神透・木俣昇「火災延焼シミュレーション・システムによるオープンスペースの
　評価に関する研究」『土木計画等研究・講演集』　1996 年
三宅理一「10 ＋ 1」No.25「木造密集市街地を考察する」，No.27「木造密集地域に住む
　－京島の例－密集市街地のジレンマ」　2012 年
村松義広「地盤の卓越周期と固有周期」『いしずえ通信』　第 6 号，2016 年
山崎明子・中林一樹「東京 23 区の細街路整備とまちづくり－密集市街地の修復を
　目的とした細街路整備のあり方について－」『総合都市研究』第 65 号，1998 年

第2部 木造密集地域における取組みの変遷

	国の法律，事業制度の創設と，その社会的背景について
第 1 章	

　戦後の住宅難や高度成長期の首都圏への人口集中，既成市街地内での住宅政策の立ち遅れから，道路等の基盤が未整備な木密地域が発生・増加しました。そして，こうした木密地域の改善・整備の取組みは，地震や火災等の大規模災害を踏まえた「都市防災」の観点と都市部への人口集中に伴う「過密住宅地のスラムクリアランス」の観点からの大きく二つの流れで進みました。さらに，1995 年（平成 7 年）に発生した阪神・淡路大震災を契機として，木密地域がクローズアップされ，法制上の位置づけを明確にしながら，強力な対策が進められてきました。

　本章では，これらの潮流を踏まえながら，戦後から現在に至る木密地域の整備にかかる国の政策・事業の変遷とその社会的背景について概括します。

1. 戦後の住宅難と，それに対する住宅政策

　木密地域の改善・整備にかかる国の政策や事業の変遷を整理する前に，まず，木密地域が都市部を中心に発生し拡大した経緯や戦後の住宅

第1章　国の法律，事業制度の創設と，その社会的背景について

政策全般を概括します。

　戦後の住宅難から，都市部では狭小過密住宅世帯が増加していきました。「狭小過密住宅」とは，文字どおり，非常に狭い住宅に多数の家族が居住する住宅で，旧建設省資料によれば，1952年（昭和27年）の時点では，316万戸が未だ住宅不足とされています。その内訳をみると，狭小過密居住世帯83.4万戸，老朽建替えを要する住宅116.3万戸と記録され，当時の住宅難の逼迫した状況や住環境の劣悪さがうかがえます。

　こうした状況のなか，1966年（昭和41年），当時の住宅難への対応として，住宅建設法が制定され，公的住宅を主体とした計画的な住宅供給が図られることになります。当時の資料から，住宅建設法の制定の目的をみると，「著しい人口の都市集中や世帯の細分化等により住宅需要は増大の一途をたどり，1965年（昭和40年）代に入っても厳しい住宅事情が続いた。このため，住宅対策を一段と強化し政府及び地方公共団体による住宅供給はもちろん民間による建設を含む一体的な住宅建設計画を策定し，これに基づいて国，地方公共団体及び国民が相互に協力し合って住宅の建設を強力に推進する」こととされています。住宅建設法の制定により，公的資金による計画的な住宅建設が始まり，公的な主体による住宅の供給体制も整備され，住宅戸数は飛躍的に増大します。

　しかし，国内人口は，1967年（昭和42年）には，ついに1億人を突破し，都市では戦災後の住宅不足に喘ぐなか，経済成長と相まって住宅需要は一段と増大していきます。地価高騰の影響などから市街地での建設用地の取得が次第に困難な状況になり，大量の住宅難民の受け皿として郊外に大規模なニュータウンが次々と建設されていきます。

　一方，都市部の既成市街地の住宅政策は，郊外住宅市街地の整備に比較し相対的に立ち遅れ，その後の中心市街地の衰退・空洞化等の要因となりました。また，人口集中等に伴い，既成市街地において，道路等が

第２部　木造密集地域における取組みの変遷

未整備のまま住宅等の建築物の建込みが一層進み，木密地域が広がって
いきました。これが，木密地域が発生拡大した直接・間接的な要因です。

2.「都市防災」の観点からの取組み

　前述のとおり，戦後の住宅不足を解消するため，質より量に主眼を置
いた住宅供給がなされ，都市内の住宅ストックは質の悪いものになって
いきます。こうしたなか，1952年（昭和27年）4月の鳥取大火など，各
地で大規模火災が発生します。こうした大火災を契機として，「市街地
大火の発生を防ぎ，近代不燃都市を造ろうとする動き」が始まります。
そして，1952年（昭和27年），耐火建築物を促進する法律（耐火建築物
促進法）が制定されました。これは，都市の中枢地帯において3階建て
以上の耐火建築物が帯状に建設された「防火建築帯」を造成するために
国および県・市が補助を行うものでした。そして，1952年度から1955
年度に造成された「防火建築帯」は53都市，1,260棟に上りました。

　「防火建築帯」は，延焼阻止に有効でしたが，道路沿道を対象にして
いたため，市街地大火への対策としては限界がありました。より耐火に
対する実効性を高めるため，1961年（昭和36年），街区を対象とした耐
火建築物を整備する法律（防災建築街区造成法）が制定されます。これ
までの「線による防災」から「面による防災」に改め，街ぐるみの体質
改善を図りました。

　具体的には，建設大臣が関係市町村の申出に基づき本制度の対象とす
る街区を指定します。この指定があると，その街区内で地権者等が組合
を結成することが認められ，地方公共団体が事業を行うことができるこ
とになりました。そしてまた，防災建築物を建設する者は，助成を受け

第1章 国の法律，事業制度の創設と，その社会的背景について

ることができることになります。この法律に基づく事業は，1961年（昭和36年）から1976（昭和51年）年までの15年間で824街区が指定され，延べ3,000㎡を超える防災建築物が整備されました。

　一方，当時，高度経済成長は目覚ましく，住宅供給は都市部への人口集中に追いつけませんでした。また，地価の高騰も相まって，郊外ニュータウン開発が都市部への人口集中の受け皿となりましたが，都市内の過密住宅の改善は図られないまま，東京等の大都市の一極集中に拍車をかけます。そして，「大都市の都市構造改造」の社会的要請が高まります。これまで，防災性の強化は，強制的性格を持たない補助事業で対応してきましたが，耐火建築物の建築は私人の自由に委ねられていたため限界がありました。また，東京における大規模な都市改造の要請から，1969年（昭和44年）に新しい市街地再開発事業の仕組みを定めた都市を再開発する法律（都市再開発法）が制定されます。

　市街地再開発事業とは，市街地の土地の高度利用と都市機能の更新を図るため，法に基づき建築物および建築敷地の整備と道路や公園等の公共施設を整備する事業で，一つ一つの建築物の建替えに併せて耐火建築物に更新するのではなく，市街地全体を再開発して，街区や地区単位で面的に不燃化を進めるとともに，都市の高度利用，公園・道路等のインフラ整備を図るというものです。都市の不燃化を目的としたこれまでの法律は，この法律に吸収され，時代は，都市の不燃化といった単一目的から都市の高度利用や広場の形成，商業近代化など様々な要素を取り込んでいきます。そのため，都市防災の観点からみると，都市の不燃化を直接的に目的とした制度が減退したともいえます。

　しかし，その後，1964年（昭和39年）に新潟地震が，また1968年（昭和43年）には十勝沖地震が発生します。新潟地震では，地震による二次災害として，日本最大級のコンビナートが12日間にわたって延焼し

第 2 部　木造密集地域における取組みの変遷

続けました。また，十勝沖地震でも，石油ストーブ転倒による出火が多発するなどの被害が出ました。

　こうした震災の経験は防災対策に貴重な教訓を与えました。頻発する地震やその二次災害を踏まえ，1971 年（昭和 46 年），国の中央防災会議において，大都市の震災対策を推進するための要綱（大都市震災対策推進要綱）が制定され，都市における基本的対策として，都市の不燃化，避難地，避難路整備による災害に強い都市構造を形成することが位置づけられました。

　そして，1980 年（昭和 55 年）から具体的な事業として「都市防災不燃化促進事業」がスタートします。この事業は，都市再開発法以前の事業制度を復活させたもので，避難地や避難路周辺の耐火建築物の建設助成を行う事業で，現在も継続されています。2017 年（平成 29 年）1 月現在，東京都内では 11 区，37 地区，約 264ha で事業実施されています。

　1980 年（昭和 55 年）に東京都墨田区の両国地区と大阪市の豊里矢田線東成地区でこの事業が採択されてから 37 年が経過し，都市の不燃化に対する一定の効果はうかがえます。しかし，本事業の適用が東京都内の地区に集中・偏在していること，また，予算の制約などから自治体が事業実施に躊躇するなどの課題も挙げられています。

3.　スラムクリアランスの観点からの取組み

　戦前，都市部への人口集中に伴い劣悪な住環境に過密した不良住宅が多数建設されましたが，その改善を図るため，1927 年（昭和 2 年），不良住宅地区を改良する事業（不良住宅地区改良事業）が創設されました。これは，スラムクリアランスを目的として，収用という手段により宅地

第1章　国の法律，事業制度の創設と，その社会的背景について

の公有化・統合を図り，その土地の上に公営の共同住宅を建築する事業です。東京ほか4大都市圏で，7つの不良住宅地区を対象に約4,000戸の改良住宅が建設されたといわれています。

戦後，住宅不足は420万戸に上り，国庫補助を活用した庶民住宅の建設が行われましたが，勤労者の住宅難は深刻化することが見込まれたため，1951年（昭和26年）に公営住宅法が制定され，都営住宅や市営住宅など地方公共団体による住宅供給が新規に進められました。しかし，劣悪な住環境でありながら居住している者の既得権等から，既に建てられた不良住宅の改善は進みませんでした。こうしたなか，不良住宅解消の社会的要請が高まり，都市部の不燃化促進も重要な課題とされ，同潤会や自治体によってなされていた不良住宅改良事業を引き継ぎ，1960年（昭和35年）に住宅地区を面的に改良する事業法（住宅地区改良法）が創設されます。

これは，戦前にあった不良住宅地区改良事業の枠組みをベースとして，住宅の居住改善や改良した住宅への居住保証を目的として，地区内の道路や公園等の基盤整備と住宅供給を一体的に整備する事業手法です。この手法の特徴は，改善すべき地区を全面的に土地取得・クリアランスし，新たに住宅を供給する方式のものでした。

全国的には約15万戸の住宅建設が行われてきましたが，次第に，地方公共団体の財政負担が重荷となったほか，一定の質の住宅が残る地域では事業の合意が得られにくい，現存するコミュニティが解体する等の問題もあり，今日では限定的にしか行われていないのが実情です。

全面的なスクラップ＆ビルドによる事業の実施が進まないなか，1970年代に入り，これまでの反省を踏まえ，より機動的な事業展開を企図し，部分的なクリアランス，修復型の住宅市街地整備が法律に基づかない要綱による事業として展開し始めます。木密地域の様々な実態とニーズに

第 2 部　木造密集地域における取組みの変遷

対応するため，敷地の統合による共同住宅の建設と道路などの整備に対して，国がその費用の一部を予算補助する事業が実施されていきます。しかし，これらの事業は法律に基づくものではないため，地域の土地所有者，借家権者などの関係者の合意が事業を実施するうえで不可欠であり，事業化できる地区は限定的でした。それでも，1970 ～ 80 年代にいくつかの要綱事業が創設されます。

　その後，これらの要綱による事業を集約し，1994 年（平成 6 年）に，「密集住宅市街地整備促進事業」が創設されました。この事業は，木造住宅が密集し防災上危険度の高い地域において，防災性の向上と良好な住環境の整備，災害に強いまちづくりを目的としています。具体的には，住民によるまちづくり活動の支援から道路や公園・広場等の整備，老朽住宅の建替え支援などを行うもので，三大都市圏の一定規模以上の区域を対象として，地方公共団体が主な事業主体となって事業の計画策定や老朽建築物等の買収除却，建替え等に対して補助する総合的な事業です。その後，事業の集約統合により事業名称の変更はありますが，現在に至るまで，木密地域の整備改善の補助事業として活用されています。

4. 阪神・淡路大震災を契機とした木密地域の本格整備へ

(1) 阪神・淡路大震災を契機とした「密集法」の制定

　都市の防災性の向上と戦前から戦後にかけて形成された劣悪な住環境の改善を目的としてスラムクリアランスの観点から対策が講じられてきましたが，阪神・淡路大震災を契機に，新たな法整備が進みます。1995

第1章　国の法律，事業制度の創設と，その社会的背景について

年（平成7年）に発生した阪神・淡路大震災は，明石海峡を震源地として都市型の大災害を及ぼしました。建築物の全半壊が約21万棟，焼失が約7,000棟，焼失面積約66haで，これらによる死者・行方不明者は約6,300人に及びました。冬の早朝に発生したこともあり，直接の死因の大半は，老朽木造家屋などの建物倒壊による圧死でした。また，建築物が密集した神戸市長田区や須磨区等においては，建築物の倒壊と発生した火災による延焼が甚大であり，面的な市街地の再編により，道路や公園を整備し，災害に強いまちづくりが進められます。

　この地震で，現在の建築物耐震基準が適用されることになった1981年（昭和56年）以前の建築物に多くの全半壊が集中したことから，不特定多数の者が利用する公共建築物を中心に耐震診断と耐震改修を促進する法律（耐震診断耐震改修促進法）が1995年（平成7年）に制定されます。

　また，1997年（平成9年）には，倒壊と延焼の危険性が高い老朽木造住宅などが密集する木密地域の整備改善を強力に進めることを目的として，「密集市街地における防災街区の整備の促進に関する法律」（以下，密集法といいます）が制定されます。これまで木密地域の整備事業は，前述したように，木密地域の整備促進を目的とした要綱事業に基づき，個別事業に補助金を交付するものでしたが，密集法は，防災上危険な密集市街地を都市計画において明確に位置づけました（防災再開発促進地区）。そして，延焼防止上危険な建築物の除却，耐火建築物などへの建替えの促進，地区計画制度による建築物と道路との一体的整備の促進，地域住民による市街地整備の取組みを支援する仕組みを構築しました。

　これまでの要綱にはない新たな整備メニューを揃えることで，街区単位の防災性を向上させる整備手法の選択の幅を広げることを目的として老朽木造建築物の除却や建替えにより木密地域の改善を図るための基本的枠組みを定めました。体系としては，都市計画等による計画体系と地

73

権者による自発的な取組みを支援するための制度や事業推進主体に関する事項を定めています。計画体系としては，地区の防災まちづくりの方針と整備計画に関して定めています。また，地権者の自発的な取組みを支援する仕組みとしては，老朽建築物の建替え計画の認定や延焼危険建築物に対する除却勧告などを定めています。

　しかし，阪神・淡路大震災の教訓や各方面からの取組み強化の要請を受けて法整備がなされたものの，十分な取組みはなされないのが実情でした。その要因としては，木密地域の改善を要する事業地区の数や規模に対して地方公共団体が投入する事業費や人材が極めて限定されていたことから，防災まちづくりの方針はつくったものの，具体の整備計画や事業実施はままならず，事業効果が地区全体ではっきり現れることはありませんでした。

(2)　都市再生プロジェクト（第3次決定）への位置づけ
――「重点密集市街地」の指定

　こうしたなか，木密地域の改善・整備を促進するため，「密集市街地の緊急整備」を図ることを目的として，第3次都市再生プロジェクトにおいて，木密地域の一部が「重点密集市街地」として指定されます。内閣官房に設置された都市再生本部が2001年（平成13年）12月に決定した第3次都市再生プロジェクトにおいて，全国に広がる木密地域のうち約8,000haについて，今後10年間で，大規模な延焼を防止し最低限の安全性を確保するとされました。密集法が制定された1997年（平成9年）当時，旧建設省調査において，全国の木密地域の面積は，およそ2万5,000haありましたから，都市再生プロジェクトに位置づけられた「重点密集市街地」は，その約1/3程度でした。限られた事業費やマンパワーを効率的に活用するため，特に優先的に整備すべき地域を抽出し，緊

第1章　国の法律，事業制度の創設と，その社会的背景について

急整備のための仕組みづくりと各事業主体による積極的な取組みを誘導
することが意図されたといえます。

(3)　「防災街区整備事業」の導入

　都市再生プロジェクトの決定を受け，これまで必ずしも重視されてこ
なかった木密地域の安全性を確保するために必要な「共同建替えを強力
に推進する仕組み」をつくり，事業の重点化による集中的投資を図るこ
とになります。

　「共同建替え」とは，地権者が単独で建築物を建て替えるのではなく，
連担する複数の地権者が共同で建て替える手法で，零細な地権者が多い
木密地域において有効な建替え手法です。しかし，木密地域には，借地
権者や借家権者など様々な権利者が混在するため，十分な情報提供と丁
寧な話合いによる合意形成が不可欠です。一方，共同建替えは，合意し
た者で建て替える全員合意を基本とした仕組みで，ごく少数の反対者の
ため，事業を取りやめたり，事業地区の縮小を余儀なくされる例も多く，
様々な権利者の意向を踏まえた合理的な共同建替え手法が課題となって
いました。

　そこで，2003年（平成15年），密集法が改正され，老朽木造建築物を
防災性の高い建築物に建て替えるための柔軟かつ強力な手法として，「防
災街区整備事業」が創設されました。防災街区整備事業は，共同建替え
を強力に推し進めるための事業手法で，これまであった市街地再開発事
業をベースに，木密地域の課題である「防災性の強化」を目的に，様々
な権利者の意向をできるだけ取り入れ柔軟に対応するため，宅地から宅
地への権利変換を認める権利変換手法を取り入れました。従来の市街地
再開発事業においては，権利者が共有する土地の上に，取得する床を区
分所有することしかできません。しかし，木密地域においては，高齢者

75

第2部　木造密集地域における取組みの変遷

も多く，これまで培ってきた軒先のみどりを大事にしたいという理由か
ら共同建替えには反対という人も少なからずいました。そのため，宅地
から宅地への権利変換を可能とすることで，こうした意向の権利者に対
しても対応が可能になったのです。

(4)　都市再生プロジェクト（第12次決定）と密集法のさらなる改正

　2001年（平成13年）12月に位置づけられた都市再生プロジェクト（第
3次決定）において，2011年（平成23年）度末までに最低限の安全性を
確保する目標を立て公表しました。しかし，その取組みについては，
2002年（平成14年）～2005年（平成17年）度末までの約4年間で，進
捗率は約3割となっており，現状の取組みの速度では，目標として定め
た2011年（平成23年）度末までの目標達成が難しいことから，木密地
域の取組みを加速することを目的として，都市再生プロジェクト（第12
次）が決定されました。

　また，それと連動する形で密集法が再度改正されます。この改正では，
新たな制度を導入するということではなく，これまであった制度適用の
隘路を見極め，個々の制度を改善することに主眼が置かれています。た
とえば，建替え計画の認定の強化と税制特例が創設されました。これは，
木密地域内の建築物の建替えを行う場合，予め基準を設け認定すること
で延焼防止を図るとともに，権利者に対するインセンティブとして，税
制上の特例を与えようというものです。

　また，UR都市再生機構が従前居住者用住宅を整備することができる
ようになりました。木密地域においては，土地利用が細分化されており，
権利関係が輻輳していること，高齢化した賃借人が多く，自らの努力で
新たに民間の賃貸住宅に入居することが困難な者も少なからずいること
から，木密地域の整備に当たり，賃貸住宅等の除却が必要になった場合，

76

賃貸住宅に住んでいた者の移転の受け皿となる賃貸住宅（従前居住者用住宅）を一定程度確保することで，地域の合意形成を促し事業の円滑化を図ることが必要となります。この改正前には，財政事情により地方公共団体の資金余力が十分にない場合には，従前居住者用の賃貸住宅の整備ができませんでした。しかし，この改正では，地方公共団体が自ら行使できないと認めてその建設等の要請があった場合は，UR 都市再生機構が従前居住者用の賃貸住宅の整備ができることとなりました。そのほか，これまであった事業メニューの区域要件の緩和など，事業を加速化するための施策が投入されました。

(5) 「避難困難性」の指標として「地区内閉塞度」の設定へ

2011 年（平成 23 年）3 月，東日本大震災が発生し，岩手・宮城・福島の 3 県に及ぶ広域的な被害に加え，首都圏にも少なからず被害を及ぼしました。この震災を契機として首都直下地震における被害想定が見直されるなど，木密地域に対する危機意識が高まります。

東京都は 2012 年（平成 24 年）4 月 18 日，首都直下地震など 4 パターンの地震で起きる新たな被害想定を公表しました。2006 年（平成 18 年）の想定では，東京湾北部を震源とする首都直下地震で最大震度は 6 強でしたが，最大震度 7 の地域が生じ 6 強の地域も拡大。死者数は約 6,400 人から約 9,700 人に増加しています。

こうしたなか，国土交通省では，木密地域の改善に向けて新たな動きを示します。東日本大震災の発生以前から，国が指定した「重点密集市街地」の整備目標となっている期限が迫ってきたことから，現在の改善状況を把握するとともに，「重点密集市街地」の改善に向けて新たな位置づけと効果的な改善手法を示しました。

国の整備では，都市再生プロジェクトに「重点密集市街地」を位置づ

77

第2部　木造密集地域における取組みの変遷

けた 2001 年（平成 13 年）当時，木密地域の改善には，市街地の不燃化が必要不可欠と考え，延焼危険性（燃えにくさ）の指標として「不燃領域率」(注1)という指標を掲げ，その改善を図ってきました。

　この不燃領域率は旧建設省時代の研究開発の結果導き出された概念で，東京都では，これに都独自の考えを織り込み，1997 年（平成 9 年）策定の防災都市づくり推進計画の目標設定の指標として準用しています。詳しくは，第 2 章の「東京都の取組みの軌跡」に述べています。

　しかし，この 10 年間で目標とされた不燃領域率 40％を達成した地区は，「重点密集市街地」全体の半分にも及んでいません。建築物の不燃化は，密集市街地の改善に必要ですが，建物の更新時期に合わせて行われるため，どうしても改善のスピードアップは図れません。一方，市街地災害時に地区内居住者の人命確保は最大の課題です。そのため，火災発生時の早期避難の視点も重視する方向で施策転換がなされました。東日本大震災の教訓でもリスクゼロとすることは不可能で，如何にリスクを軽減するかが重要であることが認識されました。最低限人命を守るためには，危険区域から地区内居住者をいかに早く避難させるかが課題となります。こうした考え方のもと，燃えにくさの指標である「不燃領域率」に加え，避難困難性の指標として「地区内閉塞度」(注2)が加えられました。そして，2012 年（平成 24 年）10 月，国土交通省住宅局は，「地震時等に著しく危険な密集市街地」を公表しました。地震防災対策上多くの課題を抱える密集市街地の改善が都市の安全確保のため喫緊の課題として，2011 年（平成 23 年）3 月に閣議決定された住生活基本計画（全国計画)(注3)において，「地震時等に著しく危険な密集市街地の面積」約 6,000ha を 2020 年度までに概ね解消するとの目標とすることを定めています。当時の公表資料によれば，木密地域のうち，延焼危険性または避難困難性が高く，地震時等において最低限の安全性を確保することが困

難なところは，全国に 197 地区（5,745ha）存在するとしています。最低限の安全性確保のための当面の目標は，地震時等において同時多発火災が発生したとしても，際限なく延焼せず，避難が困難とならないこととしています。

地震時等における市街地大火の危険性を判断する基準は，従来から用いている「延焼危険性」の指標に加え，地震時等における避難の困難さの程度を示す「避難困難性」を併せて考慮しています。その上で，個々の地域の特性を踏まえて，各地方公共団体が「地震時等に著しく危険な密集市街地」としての位置づけの要否を判断するものとしています。

(6) 木密地域の整備の進捗と目標の再設定

こうした施策投入や新たな指標設定により，木密地域の整備・改善は一定程度進んでいきます。2011 年（平成 23 年）時点においては，「地震時等に著しく危険な密集市街地の面積」197 地区，約 5,745ha を 2020 年度までに概ね解消するとの目標を定めましたが，2016 年（平成 28 年）には，この間の木密地域の改善の状況を踏まえ，2020 年度末までに最低限の安全性を確保する市街地として約 4,450ha に改められています。

地震防災対策上多くの課題を抱える木密地域の改善は都市の安全確保のため喫緊の課題であることは変わりませんが，この数年で一定の改善効果が出始めているといえます。しかし，糸魚川火災などが象徴するように，国が指定していない木密地域の防災性の向上は，依然課題として残されており，今後，国や各自治体がどのような方向性で市街地の災害危険性を解消していくかが課題といえます。

(注 1)　「不燃領域率」とは，地域内における道路，公園などのオープンスペース
　　　　や燃えにくい建物が占める割合を基に算出するもので，まちの燃えにくさを

第 2 部　木造密集地域における取組みの変遷

表す指標をいいます。不燃領域率が 70%で，焼失率はほぼゼロとなります。
重点密集市街地の改善には，不燃領域率で 40%以上を確保すること等が目標
とされました。

(注 2)　「地区内閉塞度」とは，建築物の倒壊による道路閉塞により，地区外への
避難経路が失われ，火災・延焼による危険にさらされる可能性に係る指標を
いいます。

(注 3)　住生活基本計画（全国計画）は，「住生活基本法」（平成 18 年法律第 61 号）
に基づき，国民の住生活の安定の確保および向上の促進に関する基本的な計
画を策定します。計画においては，国民の住生活の安定の確保および向上の
促進に関する目標や基本的な施策などを定め，目標を達成するために必要な
措置を講ずるよう努めることとされています。

80

第2章	# 東京都の取組みの軌跡

1. 木密地域の主要な二つの課題

　東京は，関東大震災と第二次世界大戦という二度にわたる大きな被害に遭遇しながらも復興を成し遂げ，わが国の政治・経済・文化の中心地であるばかりか世界的大都市へと飛躍的に発展しました。今や，都心，副都心周辺には，わが国を代表する先進・先端的な文化商業施設のほか，国際的な金融機関，企業の本社等の大規模な業務施設の多くが集積しています。

　しかしその一方で，超高層ビルの裏手に目を転じると，戦後70年が経過するなかで，地域の様相が以前と変わらぬまま取り残された感のある木密地域も存在しています。この地域は，過去幾度となく国の政策として開発整備の俎上に載せられてきましたが，十分な成果が得られず，解決の道筋が見えないまま今日に至っているのです。

　東京には，近代的・先鋭的な大都市の典型的な姿と，昭和の時代から旧態依然として残された姿とが併存しています。それを東京のもつ多様性だといえば聞こえは良いのですが，いわば光と影の部分を映し出して

81

第2部　木造密集地域における取組みの変遷

いると見た方が，素直な見方でしょう。木密地域の問題にメスを入れ真
の解決に迫るならば，東京のまちづくりの歴史をふり返り，それを紐解
くことが必要でしょう。でなければ，東京の歪な姿を是正できないと思
います。

　この木密地域が今なお存在するのは，過去その時々の課題に迅速な対
応策が打ち出されてこなかったからだと指摘されています。たとえば震
災復興では，いち早く復興計画が打ち出され，政治的主導のもとに都市
の基盤整備である土地区画整理事業をはじめ，道路・公園などの公共施
設が，厳しい財政状況のなかでも精力的に整備されました。しかし，一
転，戦災復興の段階では，東京では一部を除き，震災復興にみられた都
市づくりへの積極的な取組みがなかったといわれます。ちなみに，震災
復興時の土地区画整理事業は都内で65か所，3,117haで施行されていま
すが，戦災復興時には32か所，1,233haに留まっています。戦火にまみ
れ荒廃した都市の抜本的な整備がなされなかったのです。そこに，戦争
で地方に疎開した人や，戦場から帰国した人などが終戦とともに一挙に
東京に集中した結果，瞬く間に都市が飽和状態に陥ってしまったのです。
また，その後の高度経済成長期には職を求める大勢の人が地方から大都
市に流入しました。戦災復興による都市基盤整備が十分になされないま
ま，人口増と土地利用の混乱から今日の過密な木密地域が広く生み出さ
れたとされています。

　当時，住宅に困窮する人々への住宅の大量供給は，食糧事情とともに
最も大きな社会的命題でした。これに応えることが，一方でその弊害と
して過密な土地利用を助長し木密地域を発生させたといえます。高度成
長期以降，木密地域の住環境問題は延々と続き解消すべき課題となって
いるのです。

　戦後，国を挙げて不良住宅地区の解消や住宅の質の向上に力が注がれ，

さまざまな施策が講じられました。そうした努力の結果，現在では都市スラムといわれるような劣悪な環境にある住宅地域は解消されてきたのですが，住宅の質の問題や身の回りの住環境はいまだ十分な状況とはいえません。日常の住環境の改善が道半ばのなかにあって，1995年（平成7年），阪神・淡路大震災が突如生じたのです。そこに追い打ちをかけるように東日本大震災，熊本地震など大規模災害が相次いで発生しました。今日では南関東大地震などの大規模地震の切迫性が指摘され，大震災への防御と建物の耐震性強化などへの要請が一段と高まっています。こうした状況下で，住宅に関する問題もさることながら，生命の安全や財産の保全という側面が重視され，木密地域では防災対策が焦眉の急とされているのです。

　このように時代の流れを読み解くと，木密問題には住宅と防災という解決すべき二つの側面があります。これに対して，都市計画をはじめ法や事業制度の運用などの取組みがどうなされてきたのか，大都市東京での主要な政策や施策を追ってみたいと思います。

2. 住宅政策課題とその対応

(1) 戦前・戦後の住宅政策

　終戦後，荒廃した東京では多くの人で溢れかえっていました。食糧や住宅不足で混乱した当時のまちの姿は，テレビなどを通じても目にするところです。住宅は国民生活の基盤であることから，戦後の住宅政策では一世帯一住戸の確保が大きな目標となりました。統計数値のうえからこれが実現できるのは，全国ベースでは1968年（昭和43年），東京都

では 1973 年（昭和 48 年）のこととなります。

戦争では，東京は 1944 年（昭和 19 年）11 月から翌年 8 月までに 24 回もの空襲にさらされ，死者 14 万人，建物の焼失等 77 万棟という大きな被害を被りました。空襲による焼失のほか，強制疎開による取壊し，戦時中の住宅の供給不足，終戦にともなう海外からの多数の引揚者など数々の要因が加わり，終戦直後の住宅不足はきわめて深刻でした。家のない者が巷にあふれ，バラック建ての住宅で雨露を凌ぐという悲惨な状況が，まさにこの時期の東京の住宅事情だったのです。

人々に緊急かつ重要なことは，とにかく住宅の量的充足でした。戦争終結とともに，「30 万戸罹災都市応急簡易住宅建設要綱」の閣議決定や，「住宅緊急措置令」の公布，「戦災復興院」の設置などの措置がとられました。これにより，応急簡易住宅の建設をはじめ，兵舎等既存建物の住宅への転用，遊休工具宿舎や料理屋などに対する使用権の設定，余裕大邸宅の開放など数々の緊急の住宅対策が打たれます。また，住宅・食糧・交通事情のため東京などの大都市では，転入が抑制されたり，臨時建築制限令を公布し不要不急な建築物の建築も制限されました（**写真 2·1**）。

また，戦後に生じたインフレから国民生活の安定を図るため，1939 年（昭和 14 年）以降三度目となる「地代家賃統制令」も敷かれました。平穏な今日では考え難いことですが，非常事態での緊急的措置がとられたのです。

こうした社会状況のもとで，不良住宅が密集した地域を対象とする，いわゆるスラムクリアランス手法による整備が行われています。古くは，関東大震災後にみられます。1923 年（大正 12 年）に生じた関東大震災以降には，都市の不燃化が叫ばれる一方，老朽化した木造家屋の密集する地区のスラム化が社会問題となりました。東京など関東地方では，災害スラム地区を改良することが求められたのです。震災復興計画に位置

写真 2·1　終戦後の住宅難時代──昭和 20 年建設の新宿区都営大久保住宅

出典：東京都住宅局『住宅 50 年史』

づけられた 100 世帯以上のまとまった不良住宅が密集し衛生面や風紀上などから有害あるいは危険な地区では，そこを撤去し，良質な賃貸住宅が建設されたのです。こうしたスラム地区の改良を目的に，1926 年（昭和元年），㈶同潤会が東京市猿江裏町地区で旧土地収用法を適用し着手したのが，わが国初の不良住宅改良事業とされています。スラム地区の解消に向けて，1927 年（昭和 2 年）に不良住宅地区改良法が制定されます。これにもとづく事業は，1942 年（昭和 17 年）に戦争の影響で中止されるまでの間，全国 7 地区，東京 3 地区で実施されています。

　その後，戦後の混乱や高度経済成長にともなう都市人口の増加により形成された裏長屋の密集した都市スラムなどを改善するため，不良住宅地区改良法を引き継いだ住宅地区改良法が 1960 年（昭和 35 年）に制定

第 2 部　木造密集地域における取組みの変遷

写真 2·2　住宅地区改良事業——東京都改良地区指定第 1 号（荒川区）（後方は改良後）

出典：写真 2·1 と同じ

されます。これも同様に，50 戸以上の不良住宅が密集し，保安・衛生上から危険・有害な地域を道路・公園・下水道が整備された健全な住宅地に再生するもの。併せて，従前の居住者に低家賃の公営賃貸住宅（改良住宅）を供給するものでした。

　この住宅地区改良事業により建設した改良住宅のストックは全国ベースで約 15 万戸（2004 年管理ベース）にのぼり，約半数は 1974 年（昭和 49 年）以前に建設されています。建設のピークは高度経済成長の真った だ中の 1965 年代（昭和 40 年代）半ばのことでした。東京でも，この時期をピークに約 130 か所，約 160ha において地区を指定し，概ね 1 万 5,000 戸もの改良住宅が建設されています。この事業は地方公共団体が事業施行者となるものですが，東京では大部分が都の直接施行です（**写真 2·2**）。

　1975 年（昭和 50 年）から特別区でも事業が可能となったことから（1974

第2章　東京都の取組みの軌跡

年（昭和49年）の地方自治法改正），数地区で区市の実施もみられます。直近の例では，2002年度（平成14年度）に事業着手し2009年度（平成21年度）に完了した板橋区大谷口で施行されています。

(2)　高度経済成長期以後の住宅政策

　高度経済成長期には，その波に乗って一般勤労者の賃金も上昇していきます。この背景のもと，次第に各世帯の持ち家取得を奨励する国の政策もとられます。しかし，戦後は，まずは様々な所得階層のあらゆる世帯が住宅を確保できるよう，公共と民間で賃貸住宅を供給することに主力が注がれました。社会では深刻な住宅不足が続きましたが，1950年（昭和25年）に住宅金融公庫が設立され，住宅建設資金の貸付制度が開始されます。また，㈶東京都住宅協会（1965年（昭和40年）に住宅供給公社）も設立され，本格的に賃貸住宅が供給されることになります。

　1951年（昭和26年）には公営住宅法が制定され，低所得者層向けの公営住宅の計画的な供給が始まります。さらに1955年（昭和30年）に日本住宅公団も設立され，住宅と宅地の供給が行われることになります。この時期に，住建三者といわれる公営・公社・公団による直接供給と住宅金融公庫の資金支援による間接供給が実施されることとなり，戦後のわが国の住宅政策の中核をなす公的住宅の施策体系が出そろったのです。

　公社・公団では中堅所得者層の勤労者向け賃貸住宅を供給することが基本でしたが，分譲住宅の供給も行われています。一般勤労者向けの分譲マンションなどの持ち家取得が加速したのは，勤労者の所得向上に加え，1960年（昭和35年）に住宅金融公庫の個人向けの融資制度が発足したことが大きく影響しています。これが，本格的なマンションブームの引き金となり，持ち家取得が飛躍的に促進されることになったのです。

　公的主体による賃貸住宅や分譲住宅の供給は，1966年（昭和41年）

87

第2部　木造密集地域における取組みの変遷

の住宅建設計画法の制定により，法を背景に住宅事業が計画的に実施されることになります。住宅需要の長期的な見通しのもとに，それぞれの公的主体によって5年後に達成すべき住宅建設の量や住宅水準の目標を定め事業を遂行したのです。1966年度（昭和41年度）の第1期住宅建設5か年計画にはじまり，2005年度（平成17年度）末の第8期住宅建設5か年計画までで幕を閉じますが，その後は現在の住生活基本計画に引き継がれていきます。

　40年間に及ぶ住宅建設計画による事業展開は，わが国の住宅事情の改善に大きく寄与したといえます。一世帯一住宅をはじめ，一人一室，最低居住水準，住環境水準など，各期で実現すべき目標を掲げ，それを目指して公的主体が自ら取り組むと同時に，民間の住宅供給事業を誘導，牽引してきた意義は大きいと思われます。

　公的主体の住宅供給が積極的に行われるなか，東京の人口は1962年（昭和37年）には1,000万人を超え巨大都市へと変貌していきます。人口増加のスピードは予想をはるかに超え，慢性的な住宅難の状況を生み出していたのです。

　大都市への人口と産業の集中は，一方で大気汚染や水質汚濁などの公害の発生や無秩序なスプロール化などの都市問題を生み，次第に顕在化していきます。また，地価高騰による用地取得難も住宅建設にとって大きな障害となりました。こうした事情から，公的主体による住宅供給は，既成市街地での工場跡地を活用した高層化や，郊外の住宅地に大量の住宅供給を行うニュータウン建設が積極的に推進されます。

　公共によるものだけでなく，既成市街地で人口集中の主たる受け皿となったのは民間の低家賃の木賃アパートです。木賃アパートの供給は，この時期に重要な役割を果たしたのです。1955年代（昭和30年代）に入って大量に建設されています。その多くは，もともと戸建住宅の敷地

88

を木賃アパートとして建設したものや，戸建ての庭先に建設したアパート，いわゆる「庭先木賃」といわれるものでした。

これら木賃アパートは，戦災を受けた都心部やスプロール化による地域などで面的に広がっています。特に，住宅需要の増大に対応して，池袋，渋谷，上野といった副都心周辺を中心に大量に供給されました。いわゆる，今日残存する"木賃ベルト地帯"を形成したのです。

この狭小過密の木賃アパートは，1955年代（昭和30年代）に爆発的に建設され，1965年代（昭和40年代）半ばまで増加します。特に，1953年（昭和28年）から1963年（昭和38年）の10年間で急増しています。1963年（昭和38年）時点では東京の住宅ストックの半数以上が借家であり，その約半数が木賃アパートでした。つまり，4世帯に1世帯が木賃アパートに居住していたのです。1968年（昭和43年）には，木賃アパートは住宅ストック全体の約30％，民営借家の約70％を占めるまでに至り，以後これをピークに減少に転じています。

(3) 木密地域で求められる住宅の質の改善

そこで，東京の住まいの借家実態の推移を追ってみます。借家は戦前には住宅総数の70％を超え，一般的な住まい方だったのですが，戦時下に地代家賃統制令が敷かれ，借家率は1948年（昭和23年）には46％と大幅に減少します。それは，アパート経営者にとっては，家賃収入が抑えられるなか固定資産税による税負担が重くなり，赤字経営を余儀なくされるほか，将来の見通しも立たないことから，賃貸経営を断念せざるを得なくなったことによります。

その後，統制令が改正されたことや公共賃貸住宅の供給増により，借家率は1973年（昭和48年）に61％まで上昇し続け，やがて概ね50％台で安定的に推移していきます。2013年（平成25年）の東京都土地・住

宅統計調査によると，東京区部では約50%となっており，うち民営借家率は約40%を占めています。

木密地域では，木造の専用住宅や併用住宅も多いのですが，特に住宅水準が問われたのは木賃アパートです。先述した国の住宅建設計画や住生活基本計画では，住宅の量的充足のほか質的向上を目指してきました。質の向上では，世帯人員に応じて健康で文化的な住生活を営むうえで必要な住宅面積を「最低居住面積水準」とし，さらにライフスタイルに対応して豊かな住生活を営むうえで必要な住宅面積を「誘導居住面積水準」としました。この住宅水準は，公営・公団住宅等では直接供給のなかで，公庫では融資条件に反映させているのです。

最低居住面積水準を，先ほどの東京都土地・住宅統計調査でみると，持ち家に比べ借家での満足度が低いのです。借家での全国平均では約83%ですが，東京では約73%と，約27%が水準を満たしていません。

一世帯一住戸の状況に到達した1965年代（昭和40年代）の半ば以降，住生活の最も基礎的な尺度である住戸面積という最低居住面積水準に着目し，長年，水準未満の世帯の解消に取り組んできました。その結果，今日では，持ち家では大きく改善したのですが，借家では未だ満足できる状況ではありません。

加えて，この数値は，あくまで東京都全体の借家の平均であることに留意しなければなりません。木密地域では，周知のとおり，小規模な敷地が多く，狭あい道路など道路事情が悪いうえ，借地権など複雑な権利関係から建替えが進みにくいのです。住宅の規模・設備等の更新は，建替え等を契機に行われることを考えれば，木賃アパートでは平均的な水準をかなり下回った厳しい借家実態であるのが容易に推察できます。

建物の更新が促進され難いのは戸建て住宅でも同様です。木密地域は賃貸アパートの多い地域だけではありません。下町のように専用住宅と

商・工の併用住宅が混在した地域もあります。一般市街地に比べて敷地・建物規模が極めて小さく，道路拡幅による敷地のセットバックさえ難しいのです。

　持ち家では，最低居住面積水準をほぼ満たしていますが，誘導居住面積水準では，東京都平均をとってみても，2013年（平成25年）に約63％と低く，特に，木密地域では，その多くの住宅が水準に達していないものと思われます。このため，住宅の質の改善については，賃貸ばかりか戸建て住宅への梃入れも求められているのです。

　東京の借家事情は，全国平均に比べて一般的に面積が狭く家賃が高いといわれます。木密地域は，都内の標準的な住宅地に比べて利便性の高いところにあることが多く，小規模敷地に建物が密集しているわけですから，その意味で東京の借家実態を表わす象徴的な場所ともいえるでしょう。

　高度経済成長期以降には，バブル経済の発生やその後のバブル崩壊にともなう住宅課題への厳しい対応が迫られます。1991年（平成3年），東京都は住宅政策の基本的な枠組みの確立をめざし，東京に相応しい住宅政策を，新しい視点に立って総合的に進める「住宅マスタープラン」を策定しました。

　また，1992年（平成4年）には住宅政策の理念と目標および施策展開の基本的方向を示した「東京都住宅基本条例」を制定しています。こうした動きのなかで，中堅所得者層向けの賃貸住宅供給は，高地価が反映しにくい賃貸住宅である「都民住宅」の供給をはじめ，優良民間賃貸住宅，借上公共住宅の創設，都の融資を受けて建設した民間賃貸住宅の情報を都民に提供するための「住宅バンク」など様々な施策を展開しています。都民住宅にあっては，1994年（平成6年）には1万戸を突破するほどの供給がされています。

第2部　木造密集地域における取組みの変遷

　こうした賃貸住宅施策は木密地域と何ら関係がないように思えますが，木密地域の幹線道路に面した所では中高層の賃貸住宅建設が可能ですし，木賃アパートの居住者が，近くに手頃な賃料で優良な賃貸住宅が供給されれば移り住むこともできるわけですから，無関係ではないのです。

⑷　木密地域の整備手法の転換

　さて，木密地域で進められてきた住宅地区改良事業は，多くの老朽住宅を買収除却して進めるクリアランス方式のため，多額の費用を要することや，事業への反対者もみられ，次第に必要な地区で部分的に適用されるようになります。

　この住宅地区改良事業手法の流れをくんで誕生したのは「過密住宅地区更新事業」や「住環境整備モデル事業」です。

　前者は，1975年（昭和50年）に創設されたものです。工場跡地を買収し公営・公団住宅を建設して指定地区内の居住者の住まいを確保し，従前地は保育所や公園などの生活環境施設や公的住宅の用地とするもので，通称「ころがし事業」といわれます。都内では墨田区立花地区など4か所，約0.9haで実施されています。

　後者は，1978年（昭和53年）に創設されたものです。部分的なクリアランスをして賃貸のほか分譲モデル住宅の供給に対して助成する，いわゆる修復型の手法によるものです。都内では都が施行者となる墨田区京島地区，区が施行者となる足立区関原一丁目地区で実施されてきました。この住環境整備モデル事業は，これまでの密集地域の整備手法の大きな転機をもたらしています。

　つまり，この手法は，住宅地区改良事業のように地区内の住宅を全面的に除却するものでなく，良い住宅はそのまま残し一部改善を行うとい

第2章　東京都の取組みの軌跡

う地区修復型の事業であること，スポット的な事業ではなく，対象地域が1ha以上の面的な広がりをもったものであること，新たに建設する住宅は賃貸借用に限らず，希望により持ち家の建設も行えること，といった特色をもっています。

　京島地区は，事業着手時，地区面積約26ha，世帯数約3,500，人口約10,000人，人口密度406人/ha（区平均171人/ha），地区内の住宅総戸数約3,600戸，戸建て約31％，長屋約58％，アパート・寮約11％，戦前建物率約55％，不燃化率約8.1％（区平均34％）という典型的な密集地域といえるものでした。

　東京都は，1978年度（昭和53年度）に墨田区京島地区で調査を行い，1981年度（昭和56年度）に都・区・住民代表で構成する京島まちづくり協議会を設立しました。事業の適用について協議を重ね，1983年度（昭和58年度）から10か年計画で住宅・住環境の整備を進めてきています。この計画では，970戸の老朽住宅を除却し，370戸の「モデル住宅」を建設するものでした。そして，1989年（平成元年），この事業はコミュニティ住環境整備事業として引き継がれます。モデル住宅は老朽住宅居住者の移転先として活用され，名称も「コミュニティ住宅」と改められました。1990年度（平成2年度）に事業施行者は都から墨田区に変更し，1995年度（平成7年度）に総合住環境整備事業，その翌年度には補助金の簡素・効率化の観点から，現在の密集住宅市街地整備促進事業（密集事業）に整理・統合されています。

　密集地域の整備手法のもう一つの流れは，1982年（昭和57年）に創設された木造賃貸住宅総合整備事業（木賃事業）によるものです。大都市地域での木造賃貸住宅の建替えを推進し，住環境の整備を総合的に行うものです。この事業は，老朽化した建物の不燃化と居住水準の向上を図るため，木賃アパートの経営者に建替え費用の一部を助成したり，土

93

第2部　木造密集地域における取組みの変遷

地・建物を買収し生活道路やポケットパーク（小公園）などの公共施設，集会所等の生活利便施設などを整備します。

　この木賃事業は，1983年度（昭和58年度）に国・区市町村・公庫等による木造賃貸住宅地区対策会議で検討され，東京都では豊島区東池袋地区，世田谷区太子堂地区で最初に着手しています。1989年度（平成元年度）に市街地住宅密集地区再生事業に移行し，1996年度（平成8年度）からは密集事業に整理・統合されています。

　このように国の密集地域の整備手法は，1975年代（昭和50年代）には様々な事業の誕生によって進められてきましたが，いずれも法定事業でなく新たな制度要綱により，国が事業主体である区市に補助金を交付して進めるものでした。これらは事業内容を模索しながら，やがて現在の密集事業に統合されていくのです。

　東京都は，1989年（平成元年）に国の密集事業を補完・拡充した木造賃貸住宅地区整備促進事業を創設し，賃貸住宅経営者に対する超低利融資のあっせんや，高齢者世帯などの従前居住者の住替え等のための住宅の確保および家賃の軽減措置など，都独自の施策を講じています。

　1996年度（平成8年度）には木造住宅密集地域整備促進事業（以下，「木密事業」といいます）に移行し，2006年度（平成18年度）以降には，本事業と延焼遮断帯整備を目的とした都市防災不燃化促進事業を統合した防災密集地域総合整備事業として進めています。2017年（平成29年）4月1日現在，都内19区，49地区，2,468haで実施しています。

(5)　特筆すべき木密地域整備への取組み

　木密事業は，都内での木密地域の主たる整備手法で，区市が実施するものですが，整備計画や事業計画の目標を思うように実現できないのが実態といえます。老朽住宅の除却，小公園やコミュニティ住宅では各地

区とも一定の整備がみられますが，生活道路の整備や，賃貸アパートの不燃建替え，複数地権者が共同または協調した建替えには大きな成果がみられないのです。

それは，そもそも建替え等は建主の意思でするもので，区市は助成金によって建築行為を誘導するにすぎないからです。この事業は，広い面積を対象とし，また，長い時間をかけて整備を積み重ねていくものです。スポット的に行われる住宅地区改良事業や市街地再開発事業のように，短期間ではっきりと目に見える変化が現れず，事業効果も判然としないのです。

しかし，1975年代（昭和50年代）の密集整備手法の変遷からもわかるように，時代を経て絶えず有効な事業手法をめぐる紆余曲折が続いてきたことも事実です。こうした経過のなかでは，東京都独自の取組みにも特筆すべき点がみられます。

東京都では住宅政策を推進するため，1949年（昭和24年）に現在の住宅政策審議会の前身となる「住宅対策審議会」を設置しました。また，バブル期の住宅政策混迷期である1988年（昭和63年）には，住宅問題を解決するための方策を検討する「住宅政策懇談会」を設置しています。

住宅対策審議会は，1982年（昭和57年）9月，「今後の都における住宅政策の基本的方向はいかにあるべきか」との諮問に，居住水準と住環境水準の目標を設定して達成することを求めています。この住環境水準では，住宅・住環境マップを作成して地域の実態を把握し，住環境の整備計画を含めた総合的・具体的な住宅計画の策定が必要との答申をしています。

また，住宅政策懇談会においては，数々の具体的な施策の展開について提言しています。たとえば，都民住宅や高齢者住宅を確保するための民間住宅の借り上げ・あっせん，都や区市町村の住宅マスタープランの

第2部　木造密集地域における取組みの変遷

策定，東京都住宅白書の定期的な作成，住宅基本条例の制定など，さらに，便利な市街地に住めるようにするため，都心部に近接した貴重な資源である木賃地区の整備促進に向けて，住宅整備とまちづくりのための基金の設置，住環境整備促進機構の創設などの提言がされました。

　東京都は，こうした住宅対策審議会や住宅政策懇談会からの施策提言を受けて政策を実施に移しています。たとえば，1985年（昭和60年）には都内の住環境水準調査報告をまとめたほか，1989年（平成元年）には東京都住宅整備基金の設置，木造賃貸住宅地区整備促進事業の創設，1992年（平成4年）には住宅・まちづくりセンターの設置など。これら施策のなかには，都財政の状況や事業主体の区市の事情等により，その後の展開がみられずにとん挫したものもありますが，その多くが後の木密地域の住環境改善に貢献してきたといえるでしょう。

3.　木密地域の防災対策

⑴　住宅政策審議会からの建議

　阪神・淡路大震災を契機に，木密地域に対する都区の取組みには大きな変化が生まれます。これまで進めてきた政策が大きく転換され，防災対策への予算の充実や執行組織の拡充・統合が行われています。それは，大震災の現実を目の当たりにし，東京の姿と重ね合わせて事態の危機感と緊迫感を抱いたからにほかなりません。

　東京都では，特に，木密地域の整備を主管する住宅局には緊張感が走りました。「もし，同じような事態が，いま，東京で起きたらどうするのか」，今後の地域整備の方向性に迅速な対応が求められたからです。

震災直後の4月，住宅局は，木密地域を抱える関係区市との緊急会議をもち，8月には今後の整備方針を検討し，取組みを強化するために「木造住宅密集地域整備促進協議会」を設立しました。

1995年（平成7年）8月には，東京都住宅政策審議会より，住宅分野の立場からの建議もありました。それは，阪神・淡路大震災の教訓から，災害危険性の高い木密地域の整備と，大規模地震に際して損壊の危険性のある住宅の耐震診断や補強等を進めることが極めて重要であり，その推進を図るべきとの内容です。木密地域の早急な整備に関して，次のことが挙げられています。

まず，東京都と関係区市が協力して，具体の地区における整備に計画的に取り組むための基本となるプログラムを策定し，これにもとづき整備を推進すること，次に，整備に当たっては，㈶東京都住宅・まちづくりセンターやコンサルタントを活用して住民に対する啓発，アドバイスなどを行いつつ，住民の意向を適切に集約し，反映していくこと，また，居住者の地域での継続居住，賃貸アパート経営者等の安定的収入の確保が図られるような支援策の抜本的な拡充が必要であるとし，公的住宅の活用なども積極的に行うべきとしています。さらに，損壊の危険性のある住宅の補強については，耐震診断や補強の必要性，方法等について啓発や情報の提供を行うとともに，耐震補強に係る支援策を講じるべきとしています。

こうした自治体の施策を充実する一方で，国民的理解のもとに，早急に，かつ，重点的に整備を推進するため，木密地域の整備事業の立法化について国に要請する必要を指摘したのです。

⑵ 防災都市づくりの元年

震災前，都の組織では，木密事業を所掌するのは住宅局，防災計画お

第2部　木造密集地域における取組みの変遷

よびそれに関連する事業は都市計画局，都の施行する再開発や区画整理事業は建設局でした。しかし，震災を契機に，防災の観点から木密地域整備のあり方を見直し，都の防災計画に反映する必要から，これら3局が中心となり協働して「防災都市づくり推進計画」を作成することになったのです（防災都市づくり推進計画については第1部で記述していますので省略します）。

　庁内のそれぞれの局は，いわゆる縦割り組織であり，一つの会社といえるほど巨大な規模です。同じ土俵に立って考えをまとめるという作業は，もちろん初めてのことであり，容易いことではありません。事業の目的や経緯，計画が異なるほか，国や，実施主体である区市の所管先も異なります。これらの調整や局内部の意思決定など多くのハードルがあったのです。こうした背景のなかで，推進計画を協議する場も住宅局主導で進めてきた木造住宅密集地域整備促進協議会から，3局と木密地域に関連する23区多摩8市による「防災都市づくり・木造住宅密集地域整備促進協議会」の場に移されました。1996年度（平成8年度）末，慌ただしい動きのなかで推進計画は策定されました。後には，これが一つの契機となり，3局の木密関連部局は新設した現在の東京都都市整備局に統合され，「住宅・まちづくりセンター」は「防災・建築まちづくりセンター」へと組織改編されました。

　こうして，東京都の木密地域の整備は，防災都市づくり推進計画のもとに関連施策を実施することになります。この推進計画の策定は，災害に対して脆弱な市街地を抱える東京において防災都市づくりを進める第一歩ともいえ，1997年度（平成9年度）を新たな視点に立った「防災都市づくりの元年」と位置付けています。

　当初の推進計画による整備の基本的考え方は，災害の危険度と防災上の重要度に応じて，プライオリティをつけて進めるとし，特に災害危険

98

第2章 東京都の取組みの軌跡

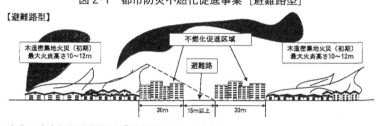

図2・1 都市防災不燃化促進事業［避難路型］

出典：東京都都市整備局『都市計画のあらまし』

性の高い「重点整備地域」に焦点を当てています。

　重点整備地域においては，一つは，市街地の延焼拡大を防ぐ延焼遮断帯，いわゆる焼け止まり線の早期整備を目指しています。これは，木密地域でも幹線道路等に面した，いわゆる「ガワ」の部分にあたり，多摩8市まで含めて都内約800ブロックからなる防災生活圏の骨格部分です。街路事業を中心に，他の事業（市街地再開発事業や土地区画整理事業）も活用して道路空間を整備します。併せて，沿道等では幅30m，概ね3階建て以上の耐火建築物によって火災時の輻射熱をさえぎる延焼遮断帯を形成するのです。この建替えを促すために建築主に助成支援を行います（都市防災不燃化促進事業の導入）(**図2・1**)。

　もう一つは，木密地域内の真ん中に位置する，いわゆる「アンコ」といわれる部分，狭あい道路の多い典型的な木密地域に位置するところです。ここでは，従来から適用してきた木密事業を中心に，道路・公園等の整備によりオープンスペースを充実させ，併せて，戸建て住宅や木賃アパート，小規模敷地をまとめ共同建替えを促進します。従前の裸木造や防火造の建物を，準耐火・耐火建築物に導いて不燃化を誘導するのです。

　なお，重点整備地域でも，広域的に拠点性が高く安全空間を確保すべ

99

きところ，あるいは，すでに再開発などの事業化の熟度が高い場所では，防災上も重要であることから，特に「重点地区」に位置づけ，基盤整備や不燃化に向けた各種事業を集中的に実施するとしました。

　そして，地域の重点化とともに大切なことは，整備の目標をどこに置くかという点です。これは推進計画の肝ともいえるところですが，市街地の燃え難さの程度を表わす「不燃領域率」（第1部第3章参照）という考え方を用いています。これを一つの物差しとして，計画期間内で達成すべき目標を明確に示したのです。不燃領域率が40％程度に達すると，焼失率が急激に下がり市街地の延焼拡大の恐れが小さくなります。このため住民が避難する際に多少時間的なゆとりができ，人命確保がより容易な状態になると考えられることから，これを「基礎的安全性」と称しています。人が安全に避難できるかの，いわば臨界点といえるかもしれません。整備対象全域では，少なくとも基礎的安全性を確保することを目標としています。そして，重点整備地域では不燃領域率を45％以上の水準にまで高め，重点地区ではさらに安全性の高い50〜60％を確保することを目標に掲げたのです。

(3)　防災都市づくりの新たな施策展開

　推進計画にもとづき各種事業の役割を明確にして，木密地域の「ガワ」と「アンコ」の双方から整備を促進する必要があります。

　「ガワ」にあたる延焼遮断帯の形成においては，都市計画道路の整備と都市防災不燃化促進事業による不燃化を併せて進めることとしています。この事業の重層化によって整備が飛躍的に促進される傾向があります。2010年（平成22年）の防災都市づくり推進計画では，重層化の効果について，2006年度（平成18年度）時点における過去10か年の整備効果を検証しています。それによれば，それぞれの事業を単独で実施し

た場合の不燃領域率の合計が10.3ポイント上昇したのに対し，事業を
重層的に実施した場合には14.1ポイント上昇したとしています。街路
事業は，最終的には土地収用の適用も可能なことから，確実な整備が見
込まれます。計画道路の沿道では，敷地に残地が生まれたり，敷地が新
たな道路に面することになります。そこに，防火地域が新たに指定され
たり，建物の最低限度を定める高度地区が指定され，さらに，建替えを
助成する事業が併せて実施されると，建築主に不燃建替えの動機づけが
一気に高まります。こうした道路整備と助成支援による建替えメカニズ
ムにより，延焼遮断帯が促進されます。このように，事業を組み合わせ，
かつタイミングを合わせた実施により効果的な整備が期待できるのです。

　「アンコ」の部分に適用する木密事業等では，対象地域と期間を限定
した新たな事業（緊急木造住宅密集地域防災対策事業）を立ち上げていま
す。共同化を促すための用地取得や公園用地を借り上げる方策，重要な
避難道路の沿道で個別建替えにも助成対象を広げる（緊急防災建替え支
援）ことなどによって不燃化率や空き地率の向上を目指すものです。

　また，高齢者世帯などの従前居住者がまちづくりによって立退きを求
められた際に，住み慣れた地域で居住できるような施策を拡充していま
す（居住継続支援事業；新規家賃と従前家賃との差を助成）。

　住宅・まちづくりセンターでの，住民の建替えの意識啓発や円滑な合
意形成に向けたまちづくり情報の提供やコンサルタントを派遣する施
策，モデル街区での共同建替えを推進する取組み，さらに，老朽木賃ア
パート建替え後に，住宅を都民住宅や区営住宅として借り上げ，公共住
宅を重点的に供給するといった既存事業との連携方策も行われています。

　一方，木密事業の推進体制を強化することも重要となります。このた
め，東京都は，区の関係部局，公団，公社，住宅・まちづくりセンター
などの関係団体による協議会を設置しました。事業推進に係る相互の情

報交換や推進方策を検討する場を設定したのです。今日，UR都市機構（公団）の密集地域整備には目を見張るものがありますが，実は，この協議会への参加が大きな契機になっているのです。

　公団は，この協議会の場を通じて，都・区市の政策と連携した事業が推進できるようになります。その皮切りとなったのが，1998年（平成10年）に着手した品川区戸越一丁目・二丁目地区でした。そこで，区が40年来手つかずの百反通りの道路拡幅を実現しました。併せて，沿道地権者の共同建替えを成し遂げたのです。地元に密着したまちづくり事務所を据え，地権者の共同建替えの権利調整をはじめ，まちづくり懇談会の開催やまちづくり勉強会の支援，地区計画の策定，建替え相談などを精力的に推進したのです。こうした積極的な取組みが内外からも評価され，UR都市機構の今日の密集関連組織体制を築いたともいえるでしょう。

　また，地権者の共同建替えなどの際，建築士・弁護士・不動産鑑定士などまちづくり分野で活動している専門家を登録し，住民等に紹介する制度。これは区市が従来から取り組んできた「まちづくり専門家等登録派遣制度」ですが，これに加え，「住まいづくり・まちづくり協力員制度」を創設しています。木密地域整備に関する法制度や各種の補助制度について十分な知識を備えた工務店やハウスメーカー等を協力員として登録し，住民の建築相談等や老朽木造住宅の建替えの促進を図るものです。この運営を住宅・まちづくりセンターが担うことにしたのです。

⑷　防災都市づくりの変遷

❶防災都市づくり推進計画【第1回改訂】

　防災都市づくり推進計画は，1997年（平成9年）に策定された後，2004年（平成16年），2010年（平成22年），2016年（平成28年）と概ね5年ごとに改訂され今日に至っています。過去20年の間に，防災施策

の内容や進捗にどのような変化があったのか，特徴的な動きからその変遷を追ってみたいと思います。

2004年（平成16年）に最初の見直しが行われました。ここでは，地域の実態をふまえてエリアを見直すとともに，重点整備地域を「整備地域」に，重点地区を「重点整備地域」に，その名称を改めています。その区域は，それぞれ約6,500ha，2,400ha（11地区）としています。

《新防火規制などの新たな施策》

延焼火災の状況をわかりやすく伝えるために延焼シミュレーションを活用したり，整備方法に複数の事業手法を提示するなどの工夫をして，住民の合意形成をさらに促し，また，東京都建築安全条例による防火規制と建築基準法の緩和によって，燃えにくい建物への建替え誘導や共同建替えを進めることとしました。

この条例による新たな防火規制（新防火地域）が2003年（平成15年）3月に制定され，整備地域等の準防火地域内を対象に指定するものとしました。指定区域内では，全ての建物は準耐火建築物とし，500㎡以上のものは耐火建築物とすることを義務づけています。

これまで，準防火地域内の規制では，小規模な住宅では建替えが行われても裸木造が再生産されがちでした。不燃化に結びつかないジレンマがあったのですが，新たな規制でこうした事態が回避されることになったのです。2016年（平成28年）4月現在では，都内の18区1市，約6,500haで指定が行われています。

建替え促進では，「東京のしゃれた街並みづくり推進条例」による街区再編まちづくり制度を活用するとしています。これは，敷地が細分化された木密地域でも，敷地の統合や細街路の付け替えなどによって土地の有効利用と共同化を促進し，街区単位で魅力ある街並み形成を進めようとするものです。1ha未満の区域を対象とする小規模再開発といえま

す。行き止り道路の付け替えや細街路拡幅などの街並み再生方針を定めることにより，都市計画の規制緩和と建築基準法による接道要件の緩和が図れるもので，2016年（平成28年）4月現在，都内4地区に指定されています。

　一方，新たに延焼遮断帯の整備目標を設定しています。しかし，東京区部における都市計画道路の延長1,763kmのうちの57%が完成していますが，ここ10年は整備が減少傾向で，特に補助線街路での未着手区間が多いこと，また，道路が完成していても延焼遮断機能が発揮されない区間が全体の4分の1を占めている実態が明らかになりました。

　そこで，厳しい財政状況のなかで延焼遮断帯整備を効果的に進めるため，放射・環状線を中心とする骨格防災軸のほか，重点整備地域での街路事業・再開発などの基盤整備型の事業を重点的に進めることにより，2003年度（平成15年度）現在41%の延焼遮断帯形成率を，2015年度（平成27年度）末には60%に引き上げることとしたのです。

《密集市街地整備法の制定》

　推進計画を策定した後の1997年（平成9年）5月，いわゆる「密集市街地整備法」（密集法）という法律が制定されました（「密集市街地における防災街区の整備に関する法律」）。その後，第1章の「国の法律，事業制度の創設と，その社会的背景について」で述べているように，2001年（平成13年）の国の都市再生プロジェクト第3次決定の「密集市街地の緊急提言」，2007年（平成19年）の第12次決定の「重点密集市街地解消に向けた取組みの一層の強化」を受け，法の一部改正が行われています。

　密集地域の整備促進を図るための法制定は，東京都住宅政策審議会からもその必要性を指摘されてきたところです。立法化は容易くないものの，震災による甚大な被害を受け，社会問題化してはじめて実現するのは残念なことです。これまで木密地域の整備は，クリアランス手法であ

る住宅地区改良法が広く適用された時代から転換し，今日では住民主導による修復型事業手法へと転換してきたのです。こうして改めて新法が制定された事実をみれば，修復型の要綱事業による整備の限界を示したともいえるでしょう。いずれにせよ，防災対策に猶予のない現況から，法を背景として整備を強力に進める素地ができたのは望ましいことだといえます。

　新法の目的は，小規模な住宅や店舗が密集する市街地を再開発・整備して防災街区の整備を促進し，防災機能の確保と土地の合理的かつ健全な利用を推進するものとしています。

　防災上危険な密集市街地に，都市計画として「防災再開発促進地区」を設定し，ほかに講じられる施策と連携して効果的な再開発を促進するため，防災上有効な建替えに対する補助，延焼の危険がある建築物の所有者に対する除却勧告と支援，骨格となる道路・公園の整備などの措置が定められたのです。その後，2003 年（平成 15 年），2007 年（平成 19 年）の法改正で，整備促進策が追加されています。

　この法の特色は，都市計画マスタープランに都市防災の基本的方針（防災街区整備方針）を記し，都市計画の位置づけを明確にしたこと，地区の防災性の向上を目的とする新たな地区計画（防災街区整備地区計画）や，都市再開発法と土地区画整理法の考えを取り入れた新たな事業（防災街区整備事業）を導入したこと，UR 都市機構や事業組合，事業会社，NPO など様々なまちづくりの担い手の役割に目配りしていること，国の密集事業と連動した助成措置があることです。

　法の施行に伴い，東京都は 1999 年（平成 11 年）1 月，木密事業を施行している 19 地区，1,331ha を対象に防災再開発促進地区を指定し，現在では，82 地区，5,135ha と広い範囲を対象に指定しています。また，防災街区整備地区計画は，区部で 17 地区が都市計画決定され，防災街

第 2 部　木造密集地域における取組みの変遷

区整備事業は，事業組合や個人，UR 都市機構などにより 6 件の事業が実施されています（2016 年（平成 28 年）4 月 1 日現在）。

❷防災都市づくり推進計画【第 2 回改訂】

《建物の耐震化を重視》

2004 年（平成 16 年）8 月，国の地震調査委員会から，南関東において，今後 30 年以内にマグニチュード 7 クラスの大地震が 70％の確率で発生するとの見解が示されました。阪神・淡路大震災では，建物倒壊等による死者が犠牲者の 9 割近くに達しており，東京都では，不燃化の促進とあわせて，建物の耐震化の動きを，この頃から強めていきます。

2007 年（平成 19 年），国の耐震改修法にもとづき東京都耐震改修促進計画を策定しています。2008 年（平成 20 年）には，震災時の避難・救急・消火活動や緊急輸送物資の大動脈となる緊急輸送道路の沿道建物の耐震化促進に向けた事業を開始し，2011 年（平成 23 年）には「東京における緊急輸送道路沿道建築物の耐震化を推進する条例」を制定して，この動きを加速します。特に重要な沿道建築物については，耐震診断を義務づけ，助成制度の拡充などの支援策により改修等を促すこととしたのです。

都内の住宅の耐震化率の状況をみると，2005 年度（平成 17 年度）末に 76％（戸建て住宅 64％）でしたが，その後，耐震化助成による効果もあり，2015 年（平成 27 年）12 月末現在では 84％程度に向上しています。

木密地域では，1981 年度（昭和 56 年度）以前に建築した旧耐震設計による住宅の耐震化助成や，地域内の幅員 6m 以内の沿道では，建物が倒壊した場合，道路閉塞や出火によって避難や救急・消火活動が妨げられる恐れがあるため，建物の耐震改修・建替え・除却する場合の助成を行っています。

《不燃化率などの整備効果を検証》

第2章　東京都の取組みの軌跡

当初計画を作成した1996年度（平成8年度）から2006年度（平成18年度）までの過去10年間に，不燃領域率や延焼遮断帯形成率がどう変化したのか，その検証を行っています。また，延焼遮断帯による焼け止まり効果は，道路の幅員と沿道の不燃化率で異なるものと考えられています。そこで，今後の整備に反映するため，さまざまなケースで，その効果を分析しています。

まず，整備状況ですが，先述のとおり，2006年度（平成18年度）末現在で，重点整備地域の不燃領域率は56％，延焼遮断帯形成率は53％となっています。この10年間で不燃領域率は8ポイント，延焼遮断帯形成率は12ポイント上昇したとの検証結果が得られています。

その理由は，新防火地域の指定によって建物の不燃化が促進されたのが一つと考えられます。また，密集法による防災街区整備地区計画のもとで木密事業による道路・公園等の整備や街路事業，都市防災不燃化促進事業などを重層的に実施したことが寄与したものとみられます。

延焼遮断帯の形成については，2003年（平成15年）に消防庁が実施した「東京都の地震時における路線別焼け止まり効果測定（第3回）」の考え方にもとづくこととしています。たとえば幅員27m以上の道路等ではそれ単独で延焼遮断機能をもっているとされ，幅員11m以上で16m未満の道路では沿道の不燃化率が80％以上でなければ機能しないというような判定基準としています。

これにより，2015年度（平成27年度）までの整備目標を，骨格防災軸で95％に，重点整備地域内での主要延焼遮断帯は65％を目指すとしています。このため，今後さらに骨格防災軸や主要延焼遮断帯に位置づけられた都市計画道路の優先的な整備と，不燃化に向けたさまざまな施策を重層的に実施するとしています。

107

第 2 部　木造密集地域における取組みの変遷

図 2·2　木密地域不燃化 10 年プロジェクト

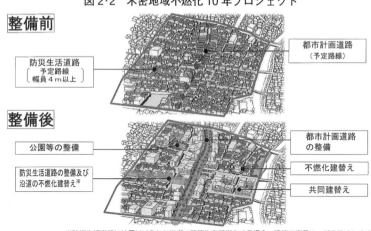

出典：東京都都市整備局「不燃化特区制度」パンフレット

❸防災都市づくり推進計画【第 3 回改訂】
《木密地域不燃化 10 年プロジェクトによる事業促進》

　2011 年（平成 23 年）3 月の東日本大震災では，東京でも震度 5 を記録し，震災の恐怖を肌で感じることとなりました。大震災に対する危機感が一層高まり，木密地域の改善を一段と加速させる必要性を強く感じたのです。その翌年（2012 年（平成 24 年）），都は「木密地域不燃化 10 年プロジェクト」を立ち上げました。これは，特別に手厚い支援を行って不燃化をさらに促進するという「不燃化特区（不燃化推進特定整備地区）」制度で，不燃化とともに，延焼遮断帯を形成する主要な都市計画道路（「特定整備路線」）の整備を一体的に進めようとするものです（図 2·2）。

　不燃化特区は，整備地域のなかでも地域危険度が高いなど，特に重点的・集中的に改善が必要な地区で，事業を実施する区の提案を受けて，都が，期間や地域を限定して認定する制度です。認定を受けると，老朽木造建築物の建替え・除却への助成や固定資産税等の減免措置など特別

の支援が行われるもので，2016年（平成28年）4月現在で53地区を指定しています。

認定に際して，新防火地域の指定または同等以上の規制が行われることや，区が主体となって施行する都市計画事業などを，コア事業（地区整備の起爆的な事業）に含むこととしています。

また，特定整備路線とは，整備地域を対象に，災害時の延焼遮断や避難路，緊急車両の通行路となる防災上大きな効果が見込まれる都市計画道路のことです。2012年度（平成24年度）に路線の選定を行い，2015年（平成27年）3月までに，全28区間，延長約25kmで事業に着手し，2020年度の完了を目指しています。

木密地域のなかでは道路の整備が大変難しいことは，関係者であれば周知のことです。従来，道路の整備は，区・市が中心となりまちづくりのなかで行っていたのですが，概して大きな進展がみられませんでした。こうした現実をふまえ，災害の緊迫性が叫ばれるなかで取り組むことになったのですが，これは骨格となる都市計画道路の整備を，都の道路専門部隊が率先して行うことに大きな意義・特色があるのです。

さらに，その整備にあたっても，「生活再建プランナー」という専門事業者の相談窓口を現地に設け，地権者の生活再建をサポートしています。道路関係の事務の全てを役所で行うのが通例ですが，これまで経験のない分野にまで民間活力を誘導していることにも大きな特色がみられます。

《今後の目標設定》

防災都市づくりの進捗状況では，重点整備地域内の延焼遮断帯形成率は2014年（平成26年）に56%となり，同地域の不燃領域率は約59%になっています。また，避難場所数の増加，避難有効面積の不足する避難場所数や遠距離避難圏域数の減少，地区内残留地区数等の増加もみられ

ます。住宅の耐震化率においても，2014年（平成26年）時点で約84%（戸建て住宅では約78%）となっており，全般的に地域の状況が改善している傾向がみられます。

　こうした状況をふまえ，今回の推進計画では，2025年度までに整備地域での延焼遮断帯形成率を75%と引き上げるほか，2020年度までに特定整備路線を全線で整備するとしています。また，重点整備地域の不燃領域率を70%以上（整備地域で70%以上）確保することを目標に掲げています。

　延焼遮断帯の整備には，これまでのように道路整備に併せて防火地域等の指定や都市防災不燃化促進事業を導入するほか，沿道でのまちづくりを一層進めるとしています。これは，沿道一体整備事業や延焼遮断帯形成事業によって，関係住民等との連携のもとに合理的な土地利用をめざし，都市計画道路の整備と併せて沿道建築物の不燃化・共同化を推進するものです。

　沿道一体整備事業とは，計画道路による不整形地を含む一体の敷地を小規模な街区単位でとらえ，民間活力を誘導して共同化を図るものです。現在，豊島区東池袋地区など8地区で事業が進められています。また，延焼遮断帯形成事業とは，沿道のまちづくりの機運の高い地域で，市街地再開発事業などの都市計画手法を活用して都市計画道路を整備し，延焼遮断帯を形成するものです。

　また，不燃化特区内では不燃建替え等の取組みをさらに強化します。2016年度（平成28年度）からは，4m以上の防災生活道路の沿道建築物の老朽建築物の建替えに際し，これまでの除却費・設計費の助成に加え，新たに建替え工事費を助成の対象に加えています。2017年度（平成29年度）からは，道路沿道に限らず，老朽建築物を建て替える建築主や借家人への住替え助成制度も立ち上げました。

第２章　東京都の取組みの軌跡

　推進計画に掲げた目標を達成するために，不燃化特区の区域を重点整備地域全体に指定し，防災都市づくりの関連事業を重層的かつ集中的に実施するとしたのです。整備地域全体では，新防火地域の指定を促すとともに，地域の状況に応じて，敷地面積の最低限度の設定や防災街区整備地区計画または地区計画の策定を進めることとしています。この際，緊急車両の通行や円滑な消火・救援活動，避難を可能とする生活道路網の計画を策定し，特に計画幅員 6m 以上の道路は，積極的に地区計画に位置づけることとしています。

　以上述べてきたように，密集地域の防災対策は，国や自治体の総力を挙げて取り組んできたことにより，防災都市づくり推進計画を策定した 1996 年度（平成 8 年度）と比較し，概ね 20 年余りの間で大きく前進したといえます。このことは，重点整備地域内において，整備効果を表わす主たる指標である不燃領域率が11%，延焼遮断帯形成率が15%と大きく上昇していることからも明らかといえるでしょう。

〈参考文献〉

東京都住宅局『住宅五十年史―住宅局事業のあゆみ―』　1999 年

安藤元夫，寺川政司牌，幸田　稔「戦前不良住宅地区改良事業による大阪市営下寺・日東改良住宅の建設とその空間構成，および「出し家」（増築）空間に関する研究」1998 年 11 月，『日本建築学会計画系論文』No.513，pp.235-244

朴炳順也「東京における木造アパートの現代的特徴の変遷に関する研究」　2002 年 3 月

東京都都市整備局『防災都市づくり推進計画』　1997 年 3 月，2004 年 3 月，2010 年 1 月，2016 年 3 月

東京都都市整備局『事業概要 28 年版』　2016 年 9 月

第3章	# 地方都市での改善に向けた取組み

1. 地方都市の取組み

　木密地域の改善は，大都市における戦後の都市問題の一つであり，都市防災や不良住宅の解消に端を発し，個別課題対応だったものが，1995年（平成7年）の阪神・淡路大震災をきっかけに総合的な取組みとして変遷してきました。このあたりは，前章までの国と東京都における取組みで詳述されています。ここでは，地方都市における木密地域の改善例を三つとりあげます。

　一つ目は，西の代表，大阪市です。大阪市の木密地域は，戦前の建物や長屋形式の建物が多く，広範囲に広がっているため，モデル地区で集中的に多様な手法を導入し，水平展開をにらんでいます。

　二つ目は，阪神・淡路大震災で甚大な被害をうけた神戸市です。神戸市では，体系的な取組みは比較的最近のことですが，震災以前からの取組みなどは案外知られていません。

　三つ目は，長崎市です。長崎といえば，出島やグラバー邸などの異国情緒に併せて，斜面市街地の風景が圧巻です。斜面市街地には魅了させ

られるものがありますが，住宅地としては，老朽木造住宅の密度が高く，延焼防止や避難に有効な道路も少ないため，災害時の危険性が高い木密地域となっています。国交省が把握している「地震時等に著しく危険な密集市街地」では，全国41市区町村のうち，長崎市は6番目の多さとなっています。

2. 大阪市の取組み

(1) 大阪市の取組みの経緯

国が公表している「地震時等に著しく危険な密集市街地」では，東京都の約1,700haに対し大阪市は約1,300haの面積ですが，大阪市の木密地域がどのあたりにあるかご存知でしょうか。JR環状線の外周部，東から南の交通利便性の高い場所に立地しています。環状線を時計に見立てると，3時から7時くらいの場所にあたります。ここに集中している理由は，戦前と戦災の地図を見比べると明らかです。環状線内の中心部の大半は戦災により焼失していますが，市街化が進みつつあった環状線の外側は戦災を免れています。この戦災を免れた地域を中心に木密地域が形成されています。戦災の焼失地域と現在の木密地域は，それぞれ反転図のようになっています（図2・3）。東京都では多くが戦後のスプロール市街地であるため，老朽住宅も築50年程度前の建物ですが，大阪市では築70年以上というのも珍しくありません。

また，大阪市の木密地域の特徴として，長屋形式の住宅割合が高いこともあげられます。というのも，大阪は明治，大正，昭和初期にかけて商都として活気あふれる都市文化が花開き，都市住宅として合理的な長

第 2 部　木造密集地域における取組みの変遷

図 2・3　大阪市の戦災焼失区域（左）と密集市街地（右）

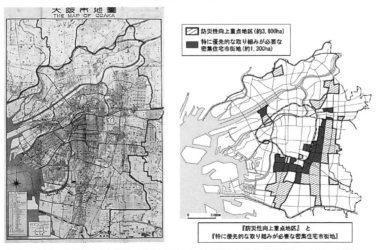

出典：（左）戦災焼失区域明示大阪市地図（大阪歴史博物館所蔵），（右）大阪市

屋が多く供給されました。「長屋建築規則」(1886 年（明治 19 年)) や「大阪府建築取締規則」(1909 年（明治 42 年)) が，建築基準法の前身である市街地建築物法 (1919 年（大正 8 年)) よりも前に制定されており，大阪独自の長屋供給が進みました。いわゆる「大阪型長屋」と呼ばれるものです。大阪型長屋は，それら規則等によって一定の住環境が担保されているものも多いのですが，今では老朽化が著しくなっています。

　さて，大阪市における木密地域改善のはじまりは，1970 年代（昭和 45 年代）にさかのぼります。当時，過密した老朽住宅地の住環境悪化が深刻化しつつあり，不良住宅を解消するために住宅地区改良事業等を主体とした公的主導の面的整備が淀川リバーサイド地区などで部分的に行われます。公共主導の整備はしばらく続きますが，広範囲の木密地域に対応していくことは現実的でなく，1990 年代に入ると，民間による老朽住宅の自主建替えの支援等，修復型のまちづくりへと転換していきま

す。このとき創設されたのが「民間老朽住宅建替支援事業」(1992 年（平成 4 年)）です。これは「タテカエ・サポーティング 21」と呼ばれ，建替え相談・アドバイス，老朽住宅の解体費補助，建設費補助，従前居住者の家賃補助など，何度か改正を重ねながら，老朽住宅の建替えに関する支援をワンストップで総合的に支援するための施策となっています。このような老朽住宅の建替えサポートを総合的に支援することは，当時としては画期的なものでした。これらの支援にかかる費用については，「事業分析住宅市街地の整備」(2007 年（平成 19 年）4 月・大阪市都市整備局）によると，たとえば家賃補助は固定資産税の増収効果により，単独建替えの場合で 4 〜 6 年，共同建替えでも十数年で回収可能と試算されています。

　1994 年（平成 6 年）には，国の密集市街地整備に係るさまざまな事業が統合した「密集住宅市街地整備促進事業」が創設されたことから，大阪市でも事業導入を検討し，生野区南部地区をモデル地区として位置づけました。これまで本格的な木密地域改善のノウハウがなかったため，「生野区南部地区まちづくり協議会」を地元と結成し，慎重に取組みをスタートさせました。このモデル地区では，多様な密集整備のメニューを集中的に導入し，効果を検証したうえで他地区にも応用するといった，限られた予算を効果的に活用するねらいもあります。

　その後，阪神・淡路大震災を契機に，全国的に密集市街地の整備が本格化していきますが，大阪市でも 1999 年度（平成 11 年度）に「大阪市防災まちづくり計画」を策定し，老朽化した建物の密集度や細街路の状況から重点的に老朽住宅の建替え促進や防災骨格の整備を図る必要のある地区として「防災性向上重点地区」(約 3,800ha) を指定し，大阪市の木密地域をはじめて明確化しました。2003 年（平成 15 年）には，内閣府の都市再生プロジェクト第 3 次決定「密集市街地の緊急整備」で公表

された地区を，特に優先的な取組みが必要な密集市街地「優先地区」（約1,300ha）として位置づけ，さらなる重点化を図っています。

　一方，木密地域の改善・整備があまり進まないことから，優先地区の整備を効率的・効果的に推進するため「密集住宅市街地の戦略的推進に向けての提言」（2008年（平成20年））をとりまとめています。そして，東日本大震災以降，市民の防災意識が高まり，橋下市長（当時）時代に木密地域の安全性確保を推進させるための「密集住宅市街地整備推進プロジェクトチーム」を庁内に組織しました。このプロジェクトチームは，リーダーが副市長，サブリーダーが都市整備局長，優先地区を含む8区の区長などが一堂に会するトップ級会議です。2012年（平成24年）11月から2014年（平成26年）2月まで4回開催され，防災性向上だけでなく，まちとしてあるべき姿など，多様な視点から積極的な議論が行われ，特にハードを中心とした取組みだけでなく，自助や共助によるソフト面の重要性が強く打ち出されました。このプロジェクトチームにより作成された「大阪市密集住宅市街地重点整備プログラム」（2014年（平成26年）4月）が，現在の大阪市の取組み指針となっています。

　このように，幾度も取組み強化が旗揚げされるものの，改善は遅々としており，密集市街地の安全性が確保されるには，まだ少し時間を要する状況です。

　また，大阪市が全国的にユニークな点として，建築基準法をうまく活用していることがあげられます。なかでも，大阪市が先陣を切って実現した建ぺい率の緩和は代表的なものです。木密地域では，敷地が狭く，前面道路の幅も狭いため，建替え後は従前の延床面積の確保が難しいことから，老朽住宅の建替えが進まないという課題があります。このため，大阪市では国に対して建ぺい率緩和等の建築基準法改正を働きかけ，2002年度（平成14年度）に法改正が実現しました。市内では，2004年（平

成 16 年）から建ぺい率や容積率の緩和を活用しています。大阪市の運用は，防火規制の強化を条件に緩和を認めるというものです。具体的には，第 1・2 種住居地域等で，準耐火建築物以上に建て替えることを条件に，建ぺい率を 60％から 80％，前面道路幅員による住居系容積率制限も 0.4 から 0.6 に緩和しています。これにより，住居地域で指定容積率 300％，敷地面積 50㎡，前面道路幅員が 4m の場合，改正前は延床面積が 80㎡だったものが，改正後は 120㎡と，大幅に床面積を確保することが可能となります。改正後は，建築確認申請物件の半数がこの制度を活用しているといわれています。また，2004 年度（平成 16 年度）の改正前後の建築確認申請件数では，市全域の件数が約 9％減少しているにもかかわらず，木密地域の防災性向上重点地区の戸建て・長屋建て住宅の申請件数は約 7％増加しており，密集市街地の老朽住宅の建替え促進にも寄与していると考えられています（「事業分析住宅市街地の整備」(2007年（平成 19 年）4 月・大阪市都市整備局））。

⑵　モデル地区「生野区南部地区」での取組み

面的整備のモデル地区「生野区南部地区」は，木密地域の中でも，特に老朽木造住宅が集積し，道路や公園などの公共整備が未整備で，防災面や住環境の課題を多く抱えていました。

「密集住宅市街地整備の戦略的推進に向けての提言」（2008 年（平成 20年）2 月・密集市街地整備推進戦略策定委員会）によると，2001 年（平成13 年）時点で，新耐震基準が導入される 1981 年（昭和 56 年）以前の建物が約 7 割を占めており，戦前の建物も約 3 割あります。特に，地区の南側では，戦前の建物割合が 5 割を超えているところもあります。住宅の建て方では，全体の 4 割が長屋建て住宅となっており，戸建て住宅（約3 割）を上回っています。また，権利関係では，全体の 6 割が借家とな

第2部 木造密集地域における取組みの変遷

図2・4 生野区南部地区の取組み状況

出典:大阪市密集住宅市街地重点整備プログラム

っており,土地と建物の所有者が異なる借地借家の割合も全体の約2割を占めています。これらの数値だけでも,ハード面だけでなく,権利関係等のソフト面も含めて,課題が複雑化していることがみてとれます。

このような状況だったため,当時主流であった個別建替えを支援するだけでは改善の見込みが立ちません。道路整備や不良住宅の除却,それらの事業によって住替えを余儀なくされた者の住宅建設など,公共主導で市街地を再編することも不可欠です。このため,生野区南部地区では抜本的な市街地再編に取り組みます。

市街地再編となるまちの大手術では,避難や延焼防止のための「骨格道路の整備」,不良住宅や未接道敷地が集積している街区を全面的に除却し共同住宅を建設する「地区改良事業」,事業で住まいを失う者の受

118

第3章 地方都市での改善に向けた取組み

写真2·3 長屋の例（上・中），建替え後の住宅例（下）

け皿住宅となる「従前居住者用住宅の建設」を中心に計画しています（図
2・4）。計画にあたっては，市も住民の協力が得られないと事業を進める
ことが困難なため，地元の意見をまとめる組織として，町会や連合会を
中心とし，市会議員や府会議員が顧問についた「生野区南部地区まちづ
くり協議会」を1994年（平成6年）7月に発足させ，協議会と市で慎重
に整備計画を練り上げています。翌年には，面整備事業の予算を確保す
るため国の密集市街地の補助金「住宅市街地総合整備事業」の大臣承認，
1998年（平成10年）には住宅地区改良事業の事業計画承認を受けて事
業に着手しています。これまでの実績（2013年（平成25年）3月末時点）
として，3本ある骨格道路のうち，1路線は整備済み，残る2路線も用
地取得率が7割前後まですすんでいます。また，受け皿となる住宅建設
（改良住宅，都市再生住宅）が7棟（304戸）建設されています。あわせて，
点の取組みとして，長屋の建替え支援や狭あい道路の拡幅整備も鋭意取
組みが進められています。通常，長屋は壁を隣家と共有しているため，
単独での建替えは難しいのですが，ここでは，どのように工事したのか
わからないほど，壁と壁の間に隙間なく建て替えられることも多くみら
れます（**写真2・3**）。また，まちかど広場も地域住民と協働で計画し，整
備が行われており，上記の取組みとあわせて生野区南部地区の住環境は
着実に向上しています。

3. 神戸市の取組み

(1) 面整備から地域特性を踏まえたきめ細かな取組みへの展開

神戸市の市街化を振り返ると，1858年（安政5年）のアメリカ・イギ

リス・ロシア・フランス・オランダの5か国と締結した「修好通商条約」により，兵庫と呼ばれていた一介の漁村に神戸港が開港されたことが一つのはじまりです。今から150年ほど前，1868年（慶応3年）のことです。

世界貿易の国際拠点となった兵庫の地には，外国人居留地や通商関連機関などが建設され，人口が急増しました。さらには神戸製鋼，三菱造船所，川崎造船所などの重工業の操業が大量の労働力を求め，周辺の農村地域や山麓では急ピッチに宅地整備が行われていきます。

しかし，当時は市街地を整備する手法が確立されていなかったため，本来であれば農業の土地利用増進を目的とした耕地整理事業を活用した宅地化が行われています。しかし，耕地整理事業は，あくまで田畑の整備が主目的であったため，道路や公園等が十分に整備できない課題がありました。1919年（大正8年）の旧都市計画法制定にあわせ，宅地の利用増進を目的とした土地区画整理事業が施行されたことにより，大正期から昭和初期にかけて23の組合が発足し，市街地整備の流れは本格化します。現在の東灘区から須磨区にかけては，このときの土地区画整理事業で市街地のベースが形づくられています。これら市街地の多くは，神戸空襲により大半が焼失してしまいますが，戦災復興土地区画整理事業により，道路や公園等の都市機能が強化され再建が図られています。一方，戦災を免れた地区は，戦災復興の対象からも外れ，戦前の姿が残されたまま抜本的な市街地整備がおこなわれずに時を経て，木密地域と呼ばれるようになります。このタイプの特徴は，耕地整理により大街区が形成されているものの，生活道路が未整備のままとなっていることです。

また，1955年代（昭和30年代），戦後の復興期から高度経済成長期にさしかかり，市街地が拡大していくなか，現在の垂水区を中心に国道2号線や神戸と明石を結ぶ路面電車（兵庫電気軌道）の停車駅近くには，

第2部　木造密集地域における取組みの変遷

大量の木造賃貸住宅が建設されました。住宅建設の供給スピードに，道路などの整備が追い付かず，基盤未整備の木密地域となっていきます。

このように，神戸市の木密地域は，「大街区は形成されているものの戦災を免れ抜本的な市街地整備が実施されなかったタイプ」，「戦後の市街地拡大のなかで形成されたタイプ」の大きく二つのタイプがあります。どちらのタイプにせよ，1970年代から80年代にかけて，地域の住環境の悪化は深刻化し，真野地区や浜山地区など12地区で，不良住宅や住環境の改善への取組みが始まりました。これらの取組みが本格的に事業化されようとしていた，ちょうどそのタイミングで阪神・淡路大震災が発生しました。この震災により，神戸市全体で道路寸断や建物倒壊など甚大な被害を受けていますが，市街地が延焼した多くが木密地域で，もっとも焼失面積が大きかったのが長田地区でした。

震災以前の取組みは，住環境の改善に主軸が置かれていましたが，まちが焼失するという惨憺たる姿を目の当たりにし，まち全体の防災性が強く意識されるようになります。この震災前後の意識変化は，国の木密地域に対する取組みにも強く影響を与え，「密集市街地における防災街区の整備の促進に関する法律」（密集法）の創設や，各種事業を「密集住宅市街地整備促進事業」（密集事業）として一本化するなど，木密地域の整備に関する多様な取組みを支える根幹が整備されています。

神戸市の木密地域は，倒壊や焼失が著しかった地区，災害の程度が比較的低い地区，それらが混在する地区など，被害の状況は地区によりさまざまですが，復興と改善を両にらみで地区の状況に応じて，密集事業を積極的に活用しています。

また，密集事業のハード整備だけでなく，ソフト対策にも力を入れています。ソフト対策は，震災前から，狭小住宅の再建支援のために建築基準法の弾力的な活用を体系化したインナー長屋制度と呼ばれる「神戸

市長屋街区改善誘導制度」がありました。これをより柔軟に活用できる「近隣住環境計画制度」を1999年（平成11年）に創設しています。この近隣住環境計画制度は，一定の区域において，土地の所有者等が主体となり，地域の特性に応じたまちづくりのルールを定めるもので，建築基準法に規定する緩和（許可・認定等）と規制を併用した制度となっています。一定のルールのもと，建ぺい率や2項道路のセットバックなどの建築規制の緩和が可能となります。この制度は神戸市独自のもので，全国的にも類を見ないものとなっています。

　さて，神戸市における木密地域の取組みは，震災以降，個別地区単位で取り組んできたものの，20年以上改善に向けて取り組んだにもかかわらず，安全性が確保されていない地区も多くあります。このため，安全な市街地形成に向けた着実な一歩が求められるようになり，また，市の方針が明確には定められていなかったため，2011年（平成23年）に住民・事業者・行政の取組み指針となる「密集市街地再生方針」を策定しました。

　方針のなかでは，神戸市の特性を踏まえて独自の危険性評価を行ったうえ，「密集市街地再生優先地区」として4地区が指定され，ハード・ソフトの取組みが強化されています。この一つに，「まちなか防災空地整備事業」があります。まちなか防災空地は，木密地域内の空地を市が所有者から無償で借り受け，地元のまちづくり協議会が整備および維持管理を行い，市はその整備に対して上限100万円まで補助するというものです。防災空地として活用される土地は非課税対象となり，利活用していない所有者にとってメリットが大きなものとなっています。また，活用する土地に老朽住宅がある場合は，上限はあるものの全額補助が行われます。さらに，まちなか防災空地は，地域住民による維持管理の継続性を考慮し，菜園として整備するなどの工夫も盛り込まれています。

第2部　木造密集地域における取組みの変遷

このほか，「身近な環境改善事業」を創設し，避難経路を確保する緊急避難整備サポート事業や，避難サインの設置補助を行う避難誘導サイン設置事業など，着実な取組みを支援するためのきめ細やかな取組みを行っています。

(2) 土地区画整理事業と密集事業を効果的に活用した浜山地区

　神戸市のほぼ中央の海側に位置する浜山地区は，戦災を免れ，戦災復興土地区画整理事業が実施されなかったため，外周道路から地区内に一歩足を踏み入れると，幅員2～3mの未舗装の私道が入り組んだ市街地となっていました。また，地区内には大正時代に建設された長屋を主体とする老朽低層木造住宅があり，防災面で多くの課題を抱えていました。

　これらの課題に対応するため，自治会を中心とした浜山地区まちづくり協議会が1989年（平成元年）に結成されました。神戸市は，全国に先駆け，1980年代から市民主体のまちづくりを推進しており，浜山地区でも1991年（平成3年）に地元協議会が作成した「浜山地区まちづくり提案」をもとに整備計画の検討が進められます。整備計画では，道路基盤がぜい弱な特性を踏まえ，道路や公園を整備するために土地区画整理事業を活用することが検討されました。しかし，土地区画整理事業では，老朽住宅の建替えを支援することができないため，狭小住宅の共同化や不燃化の支援が可能な密集事業をセットにして進めることで整備計画を練り上げていきました。こうしてできたのが，木密地域全体を土地区画整理事業（約28ha）と密集事業（約25ha）を合併施行し，効果的に整備を進めるというものです。

　浜山地区では，宅地部分の標準減歩率が17％となっているものの，65㎡未満の小規模宅地については減歩率緩和を行うなど，狭小住宅への配慮がなされており，事業の円滑化に弾みがつきました。また，住宅再

124

第3章　地方都市での改善に向けた取組み

写真2・4　浜山地区の整備例

出典：神戸市パンフレット

建が困難な小規模宅地や無接道宅地は共同化を推進し，11棟の大規模な共同化が実現しています。

浜山地区の取組みは，途中，震災をはさんだものの，取組みから20年で，道路整備は概ね完了し，平均宅地面積も従前の約47㎡から約90㎡に大幅に増加するなど，まちの再生が実現しています（**写真2・4**）。

(3)　**路地の空間継承と建替え促進を目指した駒ヶ林地区**

長田区南部に位置する駒ヶ林地区は，古くからの漁村集落で，戦災・震災を免れたため，現在でも市内で唯一，路地が集積した伝統的漁村集落の空間構成を今に残しています。一方，それらの路地は建築基準法の道路でない道や幅員2mに満たないものも多いため，建物の建替えが進まない状況でした。

路地空間の継承と建替え促進という馴染みにくい目的を実現させるた

125

第2部　木造密集地域における取組みの変遷

図2·5　駒ヶ林地1丁目南部地区の近隣住環境計画

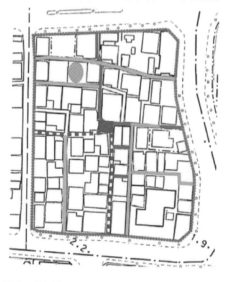

出典：神戸市

写真2·5

め，道路幅員，接道要件，容積率，建ぺい率，用途制限等，街区単位で
も建築基準法を柔軟に合理化できる，神戸市の独自制度「近隣住環境計
画制度」を導入しています（**図 2·5**）。

　駒ヶ林地区の計画では，地域の生活を培ってきた路地の雰囲気を継承
しつつ，沿道の建替えを促進させるため，路地の種別に応じて緩和内容
を決めています。通常 4m の道路空間を確保する 2 項道路は，2.7m で
もよいとする 3 項道路指定を行い，建築基準法上の道路でない道は，建
築基準法 43 条但し書き許可を前提とした壁面線の指定を行っています。
3 項道路の指定は，神戸市内で約 90 本あるものの，これらは主に戦災
復興事業に伴い指定されたもので，既成市街地での新たな適用は他には
ありません。

　これら緩和の条件として，路地沿いの建築物には構造制限がかけられ，
また，ハード面の内容だけでなく，避難方法の周知や防災訓練の実施等
も計画の中で位置づけられており，地域住民による防災活動も実施する
ことが求められています。

4.　長崎市の取組み

　長崎市は坂のまちとして有名ですが，実際，旧市街地のうち約 7 割が
標高 20m 以上で勾配が 5 度以上の斜面地となっており，中心市街地の
わずかな平坦部を除く，ほぼすべてが斜面地で形成されています。

　もとより地形がリアス式海岸の長崎は，住宅に適した用地が少なく，
住宅需要が急増した高度経済成長期に，棚田や段々畑として利用されて
いた斜面農地が宅地化されていきます。1960 年代（昭和 35 年代）頃に
標高 150m あたりまで一気に開発が進み，1980 年代（昭和 55 年代）以

第2部　木造密集地域における取組みの変遷

降には200m以上の高台にまで宅地化が進んだところもあります。

　これらの宅地供給のほとんどが民間主体のものであり，農地のあぜ道を舗装し生活道路にしたものも多くあります。このため，斜面地にできた住宅市街地は，ほとんどが幅員の狭い急こう配の坂道で，階段道となっているものも珍しくありません。このため日常生活における上り下りが大変なだけでなく，緊急車両や介護サービス等の車両も入れない状況となっており，住環境の水準は低いものとなっています。

　地区内には車両が入れないため，住宅の建築や改築する際の建築資材は，人や馬がかついで運び上げることも比較的最近まで行われていました。今でも，長崎市の斜面地では，建替えにかかる費用のうち資材の運搬費が1から2割を占めるといわれています。このため，不動産物件の案内では，他の都市では見られない「車横付け」「車入る」「車不可」などといった，自動車の利用しやすさが評価の重要な要素となっています。

　長崎市の人口は，1975年（昭和50年）には長崎市全体でピークを迎え，それ以降ほぼ横ばいで推移しますが，斜面住宅地は1970年代（昭和45年代）以降，人口減少と高齢化が急速に進み，地域の活性化が課題となっていきます。

　これらの課題が深刻化しつつあった1989年（平成元年），市制100周年を記念し，サンフランシスコや香港など，世界15か国の斜面地の行政担当者や学者などが集まる「第1回国際斜面都市会議」が長崎市で開催されました。この国際会議がきっかけとなり斜面地の再生事業がはじまり，翌1990年（平成2年）に斜面市街地の整備方針となる「長崎市住環境整備方針」が策定されます。方針では，生活道路は高低差40mに1本のピッチで緊急車両が通れる道路，標高20mに1本のバイクが通れる道路のネットワークを整備し，また，共同化等を通してゆとりあ

128

第3章　地方都市での改善に向けた取組み

る空間を生み出すというものでした。

　この方針にもとづき，斜面市街地のうち，建物の老朽化や密集度が高い8地区を整備促進区域として定め，その区域内でも特に整備が必要な重点地区を対象に「斜面市街地再生事業」として，公共施設の整備と共同建替え事業を一体的に進めるために，順次，国の密集住宅市街地整備促進事業を導入して整備を進めています。

　8地区のうち，もっとも早く密集住宅市街地整備促進事業を導入した地区が十善寺地区です。十善寺地区は，長崎市中心部の中華街からほど近く，観光名所となっている唐人屋敷がある約23haの斜面住宅地です。1991年（平成3年）から地元自治会や商店会等との勉強会がはじまり，1994年（平成6年）に密集事業の整備計画が大臣承認されます。整備計画の内容は，生活道路の整備，それに伴う道路沿道の建替え，老朽住宅の除却，コミュニティ住宅の建設が主なものとなっています。コミュニティ住宅は，道路整備や住宅の建替えのために住民が一時的に入居することを目的としたもので，整備を促進させるためには不可欠なものであり，このコミュニティ住宅の建設を皮切りに事業が着手されます。1995年（平成7年）からコミュニティ賃貸住宅の用地買収が開始され，4年後の1999年（平成11年）に短期間で完成しています。このコミュニティ住宅の建設にあたっては，住宅内のエレベータを一般開放して周辺住民が斜面の移動手段として利用できるようにしています。コミュニティ住宅を活用して，斜面地では特に困難な道路整備も着実に進めています（写真2・6）。

　2000年（平成12年）に入ると，総合計画のなかで「斜面地を活かしたまちづくり」として「斜面市街地の再生」と「斜面地の交通環境の改善」が打ち出され，斜面地ならではの生活改善にも取り組んでいます。都市計画道路事業として全国で初めて南浦和地区で斜行エレベータが整

129

第 2 部　木造密集地域における取組みの変遷

写真 2・6　十善寺地区の整備例（上：コミュニティ住宅，下：整備が進む生活道路）

出典：コミュニティ住宅の従前写真は長崎市

備されたほか，高齢者でも安心して乗れる二人乗りの簡易リフトなどが設置されています。2013 年（平成 25 年）からは，今ある道路を活かしながら，多少狭くても車が通る道路を整備する「車みち整備事業」にも取り組んでいます。この事業では，階段のスロープ化や，道幅を少し広げるなど，地域の実情に応じて，車が通る道路をより早く整備するとされており，22 路線で整備候補路線が位置づけられ，2020 年度までの整備を目指しています。

第3章　地方都市での改善に向けた取組み

写真2·7　老朽危険空き家対策事業の整備例

出典：長崎市

　一方，面整備や交通環境の改善は行われているものの，住宅の建替えは進まず，斜面市街地の空き家の増加が顕著となったため，老朽住宅の除却支援にも着手しています。長崎市の老朽住宅の除却で特徴的なことは，老朽危険空き家の所在地や所有者の意向に応じて「老朽危険空き家除却費補助金」（建築部建築指導課）と「老朽危険空き家対策事業」（都市計画部まちづくり推進室）の二つの仕組みを持っていることです。前者は他地区でも同様のものがありますが，後者は長崎市独自のものとなっています。土地と建物を長崎市に寄附した後，市が除却を行い，跡地については地元住民が維持・活用を行うこととなっています。整備された跡地は，公園や菜園，駐輪場など，地域ニーズの高いものが整備されており，生活環境の改善に一役かっています（**写真2·7**）。

　このように長崎市における木密地域の取組みは，防災性の向上の視点だけでなく，生活環境の改善や生活支援も視野に入れた総合的なまちづくりとして取り組んでいます。

〈参考文献〉
大阪市「密集住宅市街地整備の戦略的推進に向けての提言」　平成20年2月1日
密集住宅市街地整備推進プロジェクトチーム「大阪市密集住宅市街地重点整備プロ

第 2 部　木造密集地域における取組みの変遷

グラム」平成 26 年 4 月

大阪市「大阪市の住宅政策 2016」

生野区南部地区まちづくり協議会　「生野区南部地区におけるまちの形成過程と防災まちづくりに関する基本的資料の収集とこれらを通した密集市街地改善に向けた調査」平成 16 年 3 月

神戸市「密集市街地再生方針」　平成 23 年 3 月

神戸市都市計画総局「浜山地区協働のまちづくり」

伊藤善文「第二次大戦前における神戸市の市街地化と土地区画整理事業」　1986 年 3 月

「斜面居住地の再生」『都市住宅学』　44 号，2004 年

鮫島和夫「斜面住宅地の形成・課題・再生／長崎」『都市住宅学』　46 号，2004 年

第3部

地域の潜在的魅力を持続・継承する視点から木造密集地域を考える

	心理学的にとらえた
第1章	木密地域の空間的魅力

1. 心理学的視点からの環境のとらえ方

　心理学では，「環境」や「地域」とそこに住む人との相互作用について扱う研究分野として，環境心理学やコミュニティ心理学，臨床社会心理学などがあります。

　これらの研究領域で扱われる研究を大まかにまとめると，都市における犯罪・リスク認知や環境配慮行動など人の認知プロセスの解明と改善に関する研究，居住・オフィス空間の快適さに関する研究，地域コミュニティ活動の活性化に関する研究，災害や居住移動に伴う地域コミュニティの再形成に注目した研究の4つとなり，これらの研究は，都市化による弊害や，希薄化する対人関係が注目の契機になってなされているといえます。

　これに対して，古くから残された街並み，特に木密地域という，いわゆる下町の文化ともいえる建造物やその地域がもたらす，人々への心理的効果について検討した研究はほとんど見当たらないように思います。

　そこで，本章では，先に挙げた環境や地域に対して心理学的アプロー

第1章　心理学的にとらえた木密地域の空間的魅力

チから検討された知見を援用して，木密地域がそこに住む人々に与える
肯定的，否定的影響の両側面を検討し，そのうえで木密地域が地域社会
に与える心理的側面での可能性について考察をしたいと思います。

2.「木造」と「密集」がもたらす心理的効果

「木造密集地域」という言葉を聞いてどのようなイメージを持つでし
ょうか。

まず，前半の「木造」という言葉に注目してみたいと思います。

内装に木材を使用した部屋（事務所）に対しては，あたたかい，快適，
静か，明るい，友好的といった良好な環境や，対人関係をイメージさせ
る印象を抱くことが示されています（末吉・森川，2016）。また，木材の
匂いを嗅いだり，見たり，触れたりすることで安らぎや癒しを感じ，ス
トレスが解消されることもあるでしょう。その仕組みの説明の代表的な
ものとしてアルリッチ（1984）のストレス低減理論が挙げられます。芝
田（2016）によれば，この理論は，進化の視点から自然によるストレス
低減効果を説明しています。かつて自然の中で生活していた人類にとっ
て自然環境は食料を提供してくれるものであり，外敵から身を隠す場所
として位置づけられます。それが進化の過程で「好ましさ」を感じさせ
るものとして引き継がれ，その「好ましさ」という快感情がストレスに
よる負の影響を緩和すると説明されます。この理論から，人は自然の一
部である「木」に対して肯定的な印象を抱いていると考えることができ
るでしょう。では，「木造」に対する印象はどのようなものでしょうか。
自然の木材を利用した木造建築に対してもあたたかさや，自然な感じ，
環境に優しいといった印象を抱く人が多い一方で，耐震性，耐火性の面

135

第3部　地域の潜在的魅力を持続・継承する視点から木造密集地域を考える

で不安を感じる人も多く（藤平，2013）．「木造」という言葉は人によって肯定的感情と否定的感情の両側面を生起させる可能性があります。

　次に，後半の言葉である「密集」に関する心理学的知見を述べたいと思います。

　心理学では，密集は「混雑感（クラウディング）」という主体的体験で知られます。これは，物理的な混雑状態を意味するのではなく，空間のサイズが変化したり，あるいは空間のサイズはそのままに，そこに存在する人数が変化することで，その状況におかれた者が「混雑している」と感じる度合いを意味します。そして，混雑感を覚えると，不快な感情が誘発され，ストレス反応が高まります。

　一方で，人と人との距離の近さは対人関係の親密さの度合いを意味します。たとえば，友人や知人とは 45 ～ 120cm の距離で会話をするところ，家族や恋人といった親しい人とは 45 センチ以内の距離で会話をすることが調べられています（ホール，1970）。また，人は，自分の身体の周りに自分の領域のように感じる空間であるパーソナルスペースを持っているといわれ，そこに他者が侵入すると居心地が悪く感じ，回避行動や逃避行動を取るとされていますが（ソマー，1972），他者との関係性が良好であれば，個人のパーソナルスペースを縮めて，相手を受け入れてコミュニケーションを行います。すなわち，相手との関係性が良好であれば距離の近さや多少の混雑感もポジティブな意味合いに受け取られる可能性があります。

　以上のことから，「木造」，「密集」それぞれに肯定的，否定的両側面のイメージが含まれているといえそうです。Freedman（1975）の密集強化理論によれば，密集は肯定的なものはより肯定的に，否定的なものはより否定的に認知するように作用すると考えられています。つまり，人々が木密地域を見たときに，「懐かしい」「好ましい」と感じるときに

136

は，それぞれの持つ肯定的な感情が誘発され，「危険だ」「不安だ」と感じるときには，それぞれの否定的側面が意識されているのかもしれません。

3. 密集に対する人の対処方略

ネズミを対象とした実験から，混雑状態が攻撃行動を誘発することが見いだされ（Calhoun, 1962），かつては，それが人にも当てはまるとされていました。しかし，近年では，人に近いサルや霊長類の研究結果から，混雑状態がストレス反応を高めることは確かなものの，それが攻撃性を導く場合もあれば，混雑感に対して適応的な方略で対処することもあると考えられています。動物園のサルや霊長類は，過密時には上位者に服従の行動を示したり，毛づくろいをするなど友好的な交流を試みたり，対立が起きやすい関係性でも争いが起きないように協力し合うなどして，攻撃行動の発生を未然に防ぐようにしているといわれます（ドゥ・ヴァール・アウレリ＆ジャッジ，2000）。

人の場合の混雑状況に対する対処方法もこれと同様の傾向が観察されます。たとえば，混雑した電車に乗ればスマートフォンや吊り広告，車窓に目をやり，小さなエレベーターに他人と乗り合わせれば階表示を見つめるなどして，その場をやり過ごしていないでしょうか。混雑した電車やエレベーターは，互いのパーソナルスペースを侵害してしまう対人距離です。本来ならば他者と一定の距離を空ける回避・逃避行動を取りがちですが，空間的な制約のために，他者に関心を払わないように振る舞う儀礼的無関心（ゴッフマン，1980）という公共マナーを身につけることで対処しているのです。

第3部　地域の潜在的魅力を持続・継承する視点から木造密集地域を考える

図3・1　バウムとヴァリンス（1977）が観察した学生寮の形式

（注）　左側が廊下式，右側がユニット式
出典：西道（1995）

　バウムとヴァリンス（1977）による学生寮の観察（図3・1）では，混雑感に対してコミュニケーションの抑制による対処がなされることが示されています（西道，1995による）。共有のラウンジとバスルームが1つしかなく，17の部屋が廊下の両脇に配置された廊下式の学生寮（図3・1の左側）と，それと同数の部屋を，2～3部屋ずつに分けてラウンジとバスルームを共有したユニット単位にして1フロアとするユニット式の学生寮（図3・1の右側）を比較したところ，廊下式のほうが混雑を感じる度合いが高いことが示されました。ユニット式ではラウンジが有効活用されていましたが，廊下式ではラウンジを使用せずに廊下で会話をしたり，自室に引きこもる傾向がみられました。すなわち，混雑感が高いと，他者との交流を選択的に行うことで心理的な負荷を低減していたと考えられます。
　密集状況のなかで「危険だ」「不安だ」とネガティブに感じながら過

第1章　心理学的にとらえた木密地域の空間的魅力

ごしていては精神的健康が保たれません。混雑状況を統制することができなければ，自らの行動を調節して混雑感のほうを統制するのが適応的な振る舞いだと考えられます。

4. 密集地域に対する住民のイメージ

では，木密地域に住む人たちは，自らの地域をどのように捉え，それが対人関係の営みの認知にどのような影響を与えているのでしょうか。

バウムとヴァリンス（1977）が観察対象とした廊下式の学生寮はちょうど長屋のような形状です。したがって，長屋形式の木密地域でも混雑感を感じている可能性があります。しかしながら，先に述べた密集強化理論から考えれば，自分の居住地であることによって，その状況を肯定的に捉える可能性もあります。その一方で，木密地域の建物の物理的な並びそのものは密集であっても，人の流出の多さから，心理的な混雑感は感じていない可能性もあります。上述したような心理学の知見のみでは，木密地域に対して肯定的な評価が得られるのか，否定的な評価が得られるのかの予測が難しいところです。

末澤・荒井・岸本・山田・伊藤（2016）は，都内の様々な住居地域（住商混在地域，郊外，ニュータウン，湾岸および郊外のタワーマンション，木密地域）の住民 1,454 人を対象に，自分が住む地区の住居環境の評価や満足感に関する WEB 調査を行っています。なお，木密地域には，東京都文京区から台東区にかけての谷根千（谷中・根津・千駄木），墨田区・荒川区・足立区の3区，品川区の3か所が設定されていました。その結果，谷根千を除いた木密地域の評価は低く，特に墨田区・荒川区・足立区の3区は，衛生面，安全面，近隣住民との関係性，快適さ（利便性，

139

運転のしやすさや街なみの美しさ、静かさ、開放感など）などのすべての評価項目において低い評価となっていました。この調査では、混雑感は直接的には尋ねてはいませんが、街の開放感などの快適さを低く評価しているということは、混雑感に近いものを認知していたものと思われます。

ところで、末澤ら（2016）の調査結果では、地域住民の信頼関係やコミュニティの連帯感を表す近隣住民との関係性の評価が低くなっていましたが、本当にそうなのでしょうか。

末村・志村・佐藤（2000）では、コミュニティ住宅供給により東京都墨田区京島地区から住み替えをした住民30世帯32人を対象に、近隣づき合いの変化について聞き取り調査を行っています。その結果、転居前は親密な近隣づき合いを持っていたと8割弱の人が回答していました。しかし、転居後になると、その半数は相互扶助を維持するものの、半数は関係が希薄したと考え、さらに、住み替えによりコミュニケーションの総量が減少したと捉えている人が全体の6割、変化なしが2.5割、増加が2割弱という結果でした。

上述の2つの調査は、同じ地区住民を対象としているわけではありませんので一概に比較することはできませんが、住み替えた後で木密地域での居住生活を振り返ることによって、初めて見えてくる「良さ」があるのかもしれません。「隣の芝生は青く見える」ように、自らの置かれた立場に住み続けることで、見えているはずのものも見えなくなっている可能性があります。人にはバイアスという外界を認知する際の情報選択の歪みがあり、特に、ものごとの当事者であるときには自分自身のことよりも外部に目が向きやすく、観察する立場になると観察対象に目が向きやすくなるといわれます（行為者–観察者バイアス；Jones & Nisbett, 1971）。住み替えにより、転居前の木密地域を観察者として振

第1章　心理学的にとらえた木密地域の空間的魅力

り返ることで，自分自身を取り巻いていた関係性の良さが浮き彫りにな
った可能性がないとはいえません。

　また，末澤ら（2016）の結果において，谷根千については，他地域と
比べても評価が高くなっていました。安全面が高いことを実感したり，
寺社が多いことで密集として感じることが実際に少ないのかもしれませ
んが，近年，メディアにおいて下町情緒あふれる地域として紹介される
などして，外部からの高い評価に触れることで，住居地域に対する認知
の変容をもたらしたとも考えられます。

　以上のことから，木密地域に居住している人のなかにも，外的な指標
を参考にすることで第三者の視点になって自らの居住環境を見つめ，木
密地域に対して好意的な評価をしている人もいるかもしれません。換言
すれば，既に木密地域に居住し，これからも住み続ける人に心地よく過
ごしてもらうためには，肯定的な情報に対して客観的に目を向けてもら
う試みが求められるでしょう。

5.　木密地域に感じるあたたかさ

　自宅や自分の故郷に帰ったり，故郷の景色を見ると，懐かしく感じる
ことがあります。それは，自宅を「ホーム（home）」として意識してい
る表れです。ホームとは，物理的な建物の存在である「ハウス（house）」
を意味するのではなく，心に存在する特定の場所・地域，さらにはそこ
に住む人に対して持続的，肯定的な結びつきを感じていることを表して
います。これは「場所愛着」として定義されています（小俣，2007）。

　また，景観に関する概念の一つに「生活景」があります。生活景は，
日常の暮らしを反映し，地域の風土や伝統に依拠した生活によって生み

141

出された「地域の日常の景観」であり，人々に，懐かしさ，人情味，人間らしさを引き起します（岡本，2013）。岡本（2013）によると，生活景は，緑化や美化に重点をおいた景観整備を進めることで画一化された都市を生み出し，街並みの個性が失われるのではないかという危惧から着目されたものだといわれています。

　人々が木密地域に対して懐かしさやあたたかさを感じるとしたら，木造であることが生み出すあたたかさと，古い街並みが想像させる生活景から，そこに滲み出るホームの意味合いを感じ取っているからかもしれません。

　さらに，木密地域の知覚的情報が親近感や心地よさをもたらします。人は連続性のよい知覚対象を好む（プレグナンツの法則）一方で，あまりにもそれが直線的であると違和感を覚えるものです。景観計画では，人工的な構造物の示す輪郭線（構造物と背景との境界線）が単純で直線的であることから，自然風景の中で特異な存在として目立ってしまわないよう，輪郭線を複雑にする工夫がとられているそうです（岡本，2013）。しかしながら，木密地域においては，年月をかけて造られた街並みの中に存在する路地によって輪郭線の複雑さが自然に生み出されています。幅員が一定ではなく，曲がりくねり，入り組み，ときに袋小路もあったりして，不連続性な心地よさをもたらしているものと思われます（**写真3·1**）。

6. 場所愛着や地域コミュニティ意識を強める自己表出としての「あふれ出し」

　自分がその地域社会の一員であり，その地域社会が自分にとって重要

第 1 章　心理学的にとらえた木密地域の空間的魅力

写真 3·1　直線的ではない路地

だと思う感覚をコミュニティ意識といいますが，これは先に述べた場所愛着とも関わります（芝田，2016）。場所愛着は，よく遊んだ場所や生活した場所など個人的な経験から形成される場合もありますが，日本といえば富士山，といったように文化や宗教などと結びつき，自分が所属する集団としてのアイデンティティを感じさせるような場所から形成されるものもあります。特に後者のような，所属する地域のメンバーとしての意識を高める場所愛着がコミュニティ意識と関わります。愛着の対象が同じメンバーが集まったコミュニティでは，同じ経験を共有しやすくなり，情緒的つながりが生じてコミュニティの結束力を強めます。

　末村ら（2000）の結果において，転居前の木密地域に対して好意的な評価がなされていたことには，場所愛着が反映されていた可能性があり

143

写真3・2 路地に置かれた植木鉢による自己表出

ます。木密地域という共通のカテゴリーに住んでいた人達が,「木密地域からコミュニティ住宅に転居した人」という共通のカテゴリーでさらに括られることで,過去の対人関係への情緒的つながりを強く感じたのかもしれません。

　さて,木密地域において場所愛着を高める役割を担っているのが,路地への「自己表出」や「あふれ出し」(青木・湯浅・大佛,1994)と呼ばれる行為だと考えられます。木密地域では植木鉢を住居の前の路地に置いている家が多く見られますが (**写真3・2**),これはテリトリー (身体に付随するパーソナルスペースとは異なり,物理的に存在する占有領域) をアピールしたり,自分がそこに存在しているという個人のアイデンティティを示す自己表出として機能しています(青木ら,1994；小俣,2007)。それは,自分の住まいや木密地域を好意的に評価することにつながり,木密地域の住民であるという場所愛着を高める機能を担っています。他にも植栽が路地にせり出ていたり,自転車を住居前の路地に置くといっ

第1章　心理学的にとらえた木密地域の空間的魅力

た行為もこれに含まれるものと思われます。

　もちろん，地域愛着が強すぎてしまうことは弊害も生みます。転居を繰り返すことは，環境との結びつきを弱くし，人の適応力を高めるという調査結果がありますが（慎，2004），木密地域の高齢者の場合にはこの逆のパターンになり，新しい環境を拒絶してしまう危険性もあります。

7. 路地でのコミュニケーション活動の効果

　地域への愛着を高める役割を担っているもう一つの要素は，木密地域の路地でのコミュニケーションです。バウムとヴァリンス（1977）の廊下式の学生寮では，各部屋の前の廊下においてコミュニケーションがなされていましたが，これと同様に木密地域では住居前の路地においてコミュニケーションがとられます。

　金・高橋（1995）では東京都文京区根津，東郷・姫野・小林・佐藤（2010）では大分県別府市と大分市を対象として，木密地域の路地の使い方について観察調査を行ったところ，住居の前の幅員の狭い路地において，近隣でのあいさつに始まるコミュニケーションが活発になされることが確かめられています。

　また，先に述べたあふれ出しも路地でのコミュニケーションを活発化させるきっかけとなります（青木ら，1994）。家の前の植栽の手入れをする，道を掃除するといった行為は，近隣の住民の目にも触れることになります。目が合えば，会話が始まるでしょう。そして，あふれ出しにより自分のテリトリーを表出すると同時に，相手のテリトリーを確認しつつ，互いに侵害をしないような配慮も示します。こういった配慮がなされることで，近隣住民からもあふれ出しに対して好意的な評価がもたら

145

され，対人関係の親密化が促されるものと思われます。さらに，路地での植栽の手入れや掃除を通して，集合住宅に見られるような「見知らぬ知人」（顔を会わせるもののコミュニケーションを積極的に行わない近隣関係）の存在は生まれなくなるのです。このようにして，地域，コミュニティとしてのアイデンティティも確立されていきます。

さて，先に，混雑感が否定的感情を誘発しないよう，人は状況や自らの行動を調整する適応的行動で対処すると述べました。路地でのコミュニケーション活動やあふれ出しは，木密地域の物理的な密集度合いや行動の統制可能性を示唆しているのではないでしょうか。すなわち，境界の曖昧性が高い路地でのコミュニケーション量を調節することで，パーソナルスペースの拡大・収縮と同じように，自らの居住空間を拡大させたり，元に戻したりと柔軟に対応させ，良好な近隣関係を保っているのかもしれません。

8. 木密地域の良さを活かした地域コミュニティ形成に向けて

木密地域の家屋は，玄関側の通路が家の中から見えることが多くなっています。この構造は，視線が通り，近隣の動きがわかると同時に，防犯にも役立っているといわれます。玄関周りの通路が共有領域としての性格を帯びることで，不審者は自然に近隣関係による相互監視にさらされるのです（小林，1996）。

また，自己表出の証でもある植木鉢を置くことは，居住者が注意を払っている証として認識されるために，治安の良さや悪さにかかわらずフェンスを設ける場合よりも，犯罪の抑止に効果があるといわれます

第 1 章　心理学的にとらえた木密地域の空間的魅力

表 3·1　地域の人々との付き合い

	15 大都市	それ以外の市	町村
とても親しく付き合っている	3.9%	7.8%	11.3%
やや親しく付き合っている	14.8	19.3	20.0
付き合いはあるが，それほど親しくない	36.2	36.6	41.1
ほとんど，もしくは全く付き合っていない	45.1	36.3	27.7

(注)　全国の一般世帯を対象に，インターネット調査を実施（標本数 2,000，平成 17 年 12
　　月調査）
出典：平成 17 年度国土交通白書より

(Brower, Dockett, & Taylor, 1983)。一方で，他人の侵入を防ぐ排他的機
能を持つと同時に，自分がここにいることを主張することで他人を容易
に招き入れる融和的機能も担います（小林, 1996）。木密地域では多くの
家で植木鉢が外に置かれ，手入れされることにより，相互監視システム
を強化しているともいえます。

　相互監視システムは，地域コミュニティが持つ特徴の一つです。しか
しながら，10 年以上前の平成 17 年度の時点で，大都市でも農村部でも
地域コミュニティが衰退している様が明らかにされており（表 3·1；国
土交通省, 2006），そのシステムも崩壊しつつあるように思います。特に，
木密地域が防災再開発促進地区指定地域として再開発されることに伴
い，高所得層の流入と木密地域住民の流出によるジェントリフィケーシ
ョンが生じていることから（山鹿, 2011），地域コミュニティの強化を考
える必要があります。

　高齢者層が住民のほとんどを占める木密地域においては，横のつなが
りは現状の中から再生可能であるかもしれません。しかしながら，若い
世代や子どもとの世代間交流は，外部からの積極的な介入を受け入れな
い限り難しいものです。場所愛着の強すぎる高齢者が新しい環境を拒絶
してしまう可能性に配慮したうえで，子育て世代や大学生などの若い世

147

第3部　地域の潜在的魅力を持続・継承する視点から木造密集地域を考える

代が地域コミュニティに働きかけ（たとえば，奈良県橿原市今井町（日本経済新聞，2016）），木密地域が本来持っている好ましい部分を活かした街づくりを行うことが次世代に求められる課題であるといえるのではないでしょうか。

〈参考文献〉

青木義次・湯浅義晴・大佛俊泰（1994）「あふれ出しの社会心理学的効果—路地空間へのあふれ出し調査から見た計画概念の仮説と検証　その2—」『日本建築学会計画系論文集』457，pp.125-132

Brower,S., Dockett,K.,& Taylor, R.B.(1983) Residents' Perceptions of Territorial Features and Perceived Local Threat., *Environment and Behavior*,15, pp.419-437

Calhoun, J.B.(1962)Population density and social pathology, *Scientific American*, 206, pp.139-148

ドゥ・ヴァール，F.B.M., アウレリ，F., & ジャッジ，P.G.(2000)「混雑の心理学—密集は暴力を駆り立てるか—」『日経サイエンス』2000年8月号，pp.22-29

Freedman, J.L.(1975) *Crowding and Behavior*. San Francisco: Freedman.

藤平眞紀子（2013）「住まいにおける木材利用に関する研究〜奈良県内における住み手への調査より〜」『一般社団法人日本家政学会65回大会研究発表要旨集』2H-3

ゴッフマン，E.(1980)，丸木恵祐・本名信行（訳）『集まりの構造—新しい日常行動論を求めて—』誠信書房

ホール，E.T.(1970)，日高敏隆・佐藤信行（共訳）『かくれた次元』みすず書房

Jones, E.& Nisbett, R.（1971）*The actor and the observer: Divergent perceptions of the causes of behavior*, New York: General Learning Press

金栄爽・高橋鷹志（1995）「密集住宅地の「住戸群」における路地と隙間の役割に関する研究」『日本建築学会計画系論文集』60，pp.87-96

小林秀樹（1996）「第6章　集まって住む」中島義明・大野隆造（編著）『すまう—住行動の心理学』朝倉書店，pp.111-133

国土交通省（2006）『平成17年度国土交通白書』＜ http://www.mlit.go.jp/

hakusyo/mlit/h17/index.html＞

慎究（2004）『環境心理学—環境デザインへのパースペクティブ—』株式会社シナノ

西道実（1995）「第18章　クラウディング」蓮花一己・西川正之（編著）『減退年の行動学』pp.180-188

日本経済新聞電子版（2016）「街おこし　学生が新風　古い町の新たな試み⑵」＜https://www.nikkei.com/article/DGXLASJB22H9I_R00C16A3960E00/＞（2016年3月2日）

岡本卓也（2013）「第5章　景観とコミュニティ」加藤潤三・石盛真徳・岡本卓也（編）『コミュニティの社会心理学』ナカニシヤ出版，pp.101-126

小俣謙二（2007）「第6章　住環境」佐古順彦・小西啓史（編著）『朝倉心理学講座12　環境心理学』pp.106-126

ソマー, R.(1972)，穐山貞登（訳）『人間の空間』鹿島出版会

芝田征司（2016）『環境心理学の視点—暮らしを見つめる心の科学』サイエンス社

末村岳史・志村英明・佐藤滋（2000）「木造密集市街地におけるコミュニティ住宅共有による近所づきあいの変化に関する研究」『第35回日本都市計画学会学術研究論文集』pp.19-24

末吉修三・森川岳（2016）「事務所の内装に使われた木材によってもたらされる視覚的影響聞き取り調査の多次元尺度構成法による解析」『木材学会誌』62，pp.311-316

末澤貴大・荒井智暁・岸本達也・山田崇史・伊藤駿太（2016）「生活環境と居住者の生活および生活評価の関係の分析—東京都心および近郊の異なる地域におけるアンケート調査に基づく比較研究—」『都市計画論文集』51，pp.966-971

東郷哲史・姫野由香・小林祐司・佐藤誠治（2010）「路地空間の用途・形態と歩行者アクティビティの関係性に関する研究—大分県別府市・大分市中心部を事例として—」『日本建築学会大会学術講演梗概集』pp.827-828

山鹿久木（2011）「密集市街地の再開発の影響—ジェントリフィケーションの可能性を考える—」『都市住宅学』75，pp.139-140

	防災力やコミュニティ
第2章	形成を担う商店街

1. 木密地域にとっての商店街を考える

　中小企業庁が3年に一度実施する商店街実態調査（平成27年度）によると，全国の約7割の商店街が衰退傾向と回答しています。一方で，3年前の同じ調査と比較すると，衰退傾向の割合は1割程度減少し，繁盛していると回答している割合が微増していることから，改善の兆しもみられます。確かに，ここ数年で，若い店主が新たな感覚で魅力的な店づくりを行っている事例が，おしゃれな雑誌やメディアに登場する機会も多くみられるようになってきました。

　本章では，木密地域の魅力の一つと考えられる商店街に着目して，木密地域における役割について考えてみたいと思います。

2. 木密地域と商店街の関係

　東京の商店街をインターネットで検索すると，「戸越銀座商店街」，「砂

図3·2　東京の代表的な商店街と木造密集地域

出典：「東京都防災都市づくり推進計画」をもとに筆者編集

町銀座商店街」，「谷中銀座商店街」，「ハッピーロード大山商店街」などが代表的な商店街として検索結果の上位にあがってきます。これらの商店街は，揚げたてコロッケが名物の肉屋，お手頃価格の惣菜店，新鮮な魚屋，なんでも扱う雑貨店，ヴォリューム満点の定食屋など，狭い道に個性的な店が軒を連ねている賑わいが，昭和世代には懐かしさ，平成世代には新鮮さとして人気となっています。また，日中の商店街は自動車がほとんど通らず，歩行者ファーストな空間が食べ歩きや散策に適しています。

　さて，先にあげた商店街，実はどれも東京都の防災都市づくり推進計画で，震災時に大きな被害が想定される木密地域[注1]の「整備地域」として位置づけがある木密地域となっています。また，名前を挙げた商店街以外も，東京の多くの商店街は，木密地域の地区内や近接した場所

に立地しています（図3·2）。

　では，なぜ商店街の多くが木密地域と関係しているのでしょうか。これは，自動車やスーパーが一般的でなかった戦後の復興期から高度経済成長期前半まで，商店街が都市居住やまちなか居住を支える主要な商業形態であったことが要因として考えられます。特に，木密地域は，一般的な住宅地と比較して人口密度が高いため，買い物ニーズも旺盛です。それに対応するかたちで，木密地域の商店街は規模が大きくなってきました。たとえば，戸越銀座商店街は1923年（大正12年）の関東大震災，砂町銀座商店街は1945年（昭和20年）の東京大空襲，それぞれの復興をきっかけに人口が急増し，抜本的な基盤整備が伴わずに発展してきた経緯があります。

（注1）　東京都防災都市づくり推進計画では，1997年（平成9年）に木造住宅密集地域整備プログラムで東京都が指定した木造住宅密集地域のうち，不燃領域率60％未満の地域約16,000 haを木造住宅密集地域としています。

3. 商店街が担ってきた役割と取り巻く環境変化

　商店街は基本的な商圏である，徒歩圏を中心とした地域によって育てられてきましたが，自治会や町会などと連携して祭りやイベント，環境美化，防犯活動など，地域のまちづくりやコミュニティ形成にも重要な役割を担ってきました。商店街実態調査によると，現在も商店街の半数近くが防犯・防災のソフト事業を行っており，地域の防災力を下支えしています。

　日頃の人のつながりやコミュニティ活動は，災害時の復旧や復興に大いに役立つことや重要性について，阪神・淡路大震災や東日本大震災で

第2章　防災力やコミュニティ形成を担う商店街

も大きく取り上げられました。また，日常火災においても，延焼を食い止めるためには，火事の現場に消防車が駆けつけるまでの8分間[注2]に初期消火を行うことが重要であり，それを可能にするためには地域のコミュニティによるところが大きくなっています。

　木密地域は，その人口密度の高さや商店街の元気さから，コミュニティの層が厚く，万一の際のソフトパワーは力強いものがあると思われてきました。

　しかし，今の多くの商店街は，店主や常連客の高齢化・固定化により，魅力ある商品やサービス提供が行われず，若者離れが進み，新陳代謝が停滞しつつあります。また，後継者不足は深刻化しており，商店街の存続が危ぶまれています。加えて，メインターゲットである主婦と高齢者もネット通販を活用する割合が大きくなってきているなど，商店街を取り巻く環境は大きく変化しており，コミュニティによるソフトパワーは風前の灯となっています。こうしたなか，商店街が抱える課題を克服する取組みを行っている事例をいくつか紹介します。

(注2)　戦後，日本の消防は火災が隣家に燃え移る8分以内に消防車が到着できる「8分消防」という概念で消防施設の整備が進められてきました。現在，東京における消防車の到着時間の平均は7分30秒程度となっています。

4.　課題克服にチャレンジする商店街の取組み事例

⑴　商店街が地域づくりをけん引する戸越銀座商店街（品川区）

　戸越銀座商店街（以下，戸越銀座といいます）は，JR山手線大崎駅から南東に1km程度の距離に位置し，全長約1.3kmに約400店が軒を

153

第3部　地域の潜在的魅力を持続・継承する視点から木造密集地域を考える

写真 3・3　戸越銀座商店街

連ねる関東屈指の商店街です。全国に 350 程度あるといわれている銀座と名のつく商店街の元祖としても有名です（**写真 3・3**）。ちなみに，初代銀座商店街の所以は，関東大震災の際，ガレキとなった銀座の大量のレンガを譲り受け，水はけに悩まされていた商店街の道にひいて歩きやすくしたことから，本家の銀座と縁ができ，本家銀座の賑わいにあやかろうと戸越銀座商店街という名がつけられたといわれています。

　さて，この戸越銀座，鉄道や道路の交通利便性の高さから居住地としての人気も高く，戦後から高度成長期にかけては，文字通り人があふれる賑わいをみせていました。

　しかし，1990 年代に入り，商店街の人通りがみるみる減少してきたことをきっかけに，本格的な活性化の取組みをスタートさせます。これ

第2章　防災力やコミュニティ形成を担う商店街

までの経験から，商店街イベントは「人は集まるがモノは売れない」という課題に突き当たっており，一過性のイベントには限界を感じていました。そこで考えたのが，ここでしか買えないオリジナル商品をつくり，商店街にわざわざ足を運んでもらうことで，個店の売上げに結びつけようとするものです。今でこそ，地域のブランディングは各地で盛んに行われていますが，当時としては新しく，全国の地域ブランドづくりの先駆けとなっています。

1999年（平成11年）から開発に取り組んだオリジナル商品は，「とごしぎんざの○○です」という呼び方やロゴを和風にするなど，統一化を図っています。当初，この企画への賛同者は，商店街の中でも限られていました。しかし，オリジナル商品第一号となる純米酒「とごしぎんざの御酒」が，さまざまなメディアに取りあげられ，全国からギフト商品として注文が相次ぎ，売上げに大いに貢献したことをきっかけに参加店は戸越銀座全体に拡大しました。こうして，これまで単なる名称であった「戸越銀座」が，地域ブランドとして定着していきました。現在，地域価値を維持していくために，オリジナル商品づくりは，「無添加」，「高品質」，「まごころのサービス（当初はエコ）」をコンセプトに開発がすすめられ，商品の品質を維持することに注力しています。商品の企画は各商店が行うものの，その商品化については，商店街のオリジナル商品開発委員会が，「時代のニーズにあっているか」，「戸越銀座ブランドとして売れる商品であるか」など，俯瞰的な視点，女性の買い物目線から厳しく見極めています。この商品開発委員会の存在が，戸越銀座の今を支える重要な役割を担っています。

また，戸越銀座は，昔から精肉店がつくるコロッケの評判が高かったため，20店舗が独自のコロッケを販売する「戸越銀座コロッケ」のプロモーション活動を行い，「食べ歩きのまち」，「下町グルメロケの聖地」

155

第3部　地域の潜在的魅力を持続・継承する視点から木造密集地域を考える

写真3·4　電線の地中化に併せて来街者分析も想定した防犯カメラを設置

などとして全国的に知名度もあがり，さらなる来街者を獲得しています。

　近年，品川区とともに取り組んできた電線の地中化では，単に，地中化するだけでなく，光ファイバーの敷設や街灯カメラの設置も行い，情報コンテンツの配信サービスや来街者分析に役立てようとしています（写真3·4）。

　これらの取組みは一例ですが，戸越銀座では，現代的ニーズの分析や新しい取組みを積極的に展開することで，地域のブランド力を高め，まちの活力創出を商店街がけん引しています。この結果，商店街は地域に不可欠な存在となっています。

(2) 子育て親子と商店街のコラボでコミュニティの場を再生する
和田商店街（杉並区）

　次に取り上げる杉並区の和田商店街は，東京メトロ丸ノ内線「東高円寺駅」から南に10分ほど歩いた環状7号線の内側に位置しています。ちょうど，東京の木密ベルトと呼ばれる住宅が密集しているエリアです。かつては，落語「堀之内」や厄除けで有名な妙法寺の参道として栄えていましたが，多くの商店街と同様，近年はシャッターを下ろす店も増え衰退が進んでいました。しかし，ここ数年で，商店街に若い世代が増え，全国から注目されるようになりました。

　この劇的な変化は，子育て世帯と商店街をマッチングすることで，孤立しがちな子育て世帯の地縁を深めるとともに，商店街を活性化させる「親子で街デビュープロジェクト」という取組みによるものです。このプロジェクトは，内閣府の起業支援を受けた消費生活アドバイザーの西本則子氏を中心に，和田商店街周辺に住む子育てママと一緒に2010年（平成22年）に立ち上げたものです。

　もともと，このエリアは木密地域であった一方，幹線道路沿道にはマンションが建設され，若い子育て世帯が増えていました（**写真3·5**）。新住民となった世帯の多くは地縁がなく，マンション内の居住者ともあいさつ程度の仲であったため，若い子育て世帯にとっては，孤立化した子育てが深刻化しており，安心して子育てできる地域づくりのニーズが高まっていました。そこで，プロジェクトが目指したことは，子育て親子をターゲットに商店街をコミュニティ形成の場として活かすというものです。

　まず取り組んだのは，「知る・出会う」ということです。子育て親子に対して商店街の店主や商品を知るための商店街ツアーを企画し，商店

第3部　地域の潜在的魅力を持続・継承する視点から木造密集地域を考える

写真 3・5　和田商店街（上）の周辺にはマンション
　　　　　（下）が多く立地

　主には子育て親子のニーズを知るためのワークショップを行いました。この企画により，顔の見える関係が築けたことはもとより，それぞれにとって新たな発見や驚きがあり，その後の原動力となっています。
　次に行ったことは，「関わりあう」ことです。商店街の店主と居住者が，若い世代が商店街を利用するためのアイデア会議を開き，多くのアイデアの中から，実現に向けてチャレンジしたいアイデアを参加者の投票で選びました（図 3・3）。選ばれたアイデア例としては，子どもたちの初

第 2 章　防災力やコミュニティ形成を担う商店街

図 3・3　「商店街のアイデア会議」のプロジェクト例

はじめてのおつかい（私も商店サポーター！）
子どもたちの「はじめてのおつかい」は、商店街で経験させたい！子どもの成長を見守りながら、大人になっても商店街を愛する人に育ってほしい。

店頭にブラックボード！
魅力を見える化
常連さんからのオススメを知りたい！オススメを道を歩きながら見れたらいいなぁ～！！

一見さんいらっしゃいステッカー
初めてだと入りにくい商店街。「一見さん歓迎」のステッカー等外から見て「お店に入る勇気」が出る仕掛け！

出典：和田商店街ホームページ

めてのお使いを商店街で経験させる「はじめてのおつかいプロジェクト」，商店のおすすめ商品をかわいく紹介する「店頭にブラックボード！プロジェクト」，地域との出会いが少ないパパと地域が関わるきっかけとなる「和田ビアガーデン」など，どれも大きな負担がなく，新住民にとって商店街を使いたくなる楽しい企画となっています。

　また，これらの企画実現に向けては，店主と子育て親子が協働して取り組んでいます。店主だけでは実現できないことも，子育てママが仕事で培ってきたホームページ作成やデザイン，文書作成などの専門的スキルが大いに活かされています。

第3部　地域の潜在的魅力を持続・継承する視点から木造密集地域を考える

写真3・6　地域のコミュニケーションを図るためにオープンした子連れが気軽に立ち寄れるカフェ

　こうした取組みを継続し，実績を重ねていくことで，衰退傾向にあった商店街が活気づき，店主の世代交代が図られただけでなく，商店街が世代を超えたコミュニティの場として再生を果たしました（**写真3・6**）。また，商店街の子育て親子の企画は年々充実し，近くの大学との連携を行うなど，支援活動の担い手も増加し，地域活動が盛んになってきています。

　和田商店街のように，接点のなかった子育て親子と商店街とが，互いを知り，一緒に考え，取り組むことは，人口が多い東京の商店街に馴染みやすい手法の一つとして考えられます。

第2章　防災力やコミュニティ形成を担う商店街

以上，二つの事例を紹介しましたが，この他にも墨田区京島にある「下町人情キラキラ橘商店街」では，空き店舗が発生すると，地域に必要な商店を商店街自らが誘致することで健全な新陳代謝が図られています。

5.　今後も商店街が地域防災力を担うために

改めて東京の木密地域をみると，現在は人口密度が高いエリアのうち都心部に近い場所に位置しています（図3·4）。しかし，大半の地域で将来人口は減少すると想定されています（図3·5）。木密地域の周辺は人口が維持しているにもかかわらず，そこだけスポット的に減少している地域もあります[注3]。

今のまま商店街の店主と常連客が高齢化する状態が続くと，好立地な商店街であろうとも存続は厳しいものとなることが予想されます。仮に，木密地域から商店街がなくなった場合，コミュニティによる防犯や防災などのソフトパワーが著しく低下することは避けられません。

災害時に大きな被害が想定される木密地域は広範囲に点在しており，財源やマンパワーの点からも，不燃化や道路整備等のハード事業だけで早期に安全性を確保することは容易なことではありません。やはり，ハードの脆弱性を補完する意味でも，地域のコミュニティ力に期待すべきところは大きいと考えられます。

このため，今後の木密地域における改善整備では，これまで行ってきた防災性向上に寄与するハード・ソフトの取組みだけでなく，コミュニティを維持・向上させるための取組みも同時に行うことが重要です。それには，商店街が社会的役割として行ってきた地域防災力の形成を今後も継承していくことであり，実行できるような商店街の再生が不可欠で

161

第 3 部　地域の潜在的魅力を持続・継承する視点から木造密集地域を考える

図 3・4　木造密集地域の人口密度

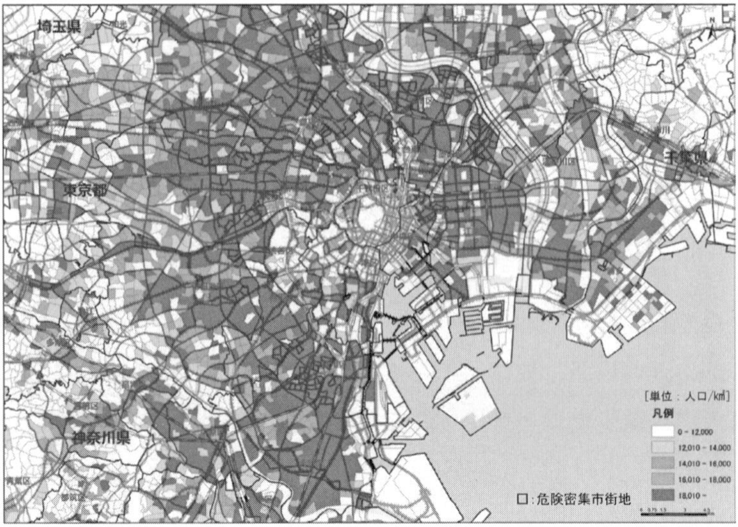

出典：平成 27 年国勢調査

図 3・5　将来人口推計（2010 年→ 2030 年の人口変化率）

出典：国土数値情報（500 m メッシュ将来推計人口）

第 2 章　防災力やコミュニティ形成を担う商店街

す。商店街に人が集まり，多世代との地域交流の場となるよう，商店街
自身が新陳代謝を積極的に行い，買い物主体の商店街から，生活支援や
サービス主体の商店街に生まれ変わるという考えもあってよいかもしれ
ません。

　一方で，商店街の再生を，商店街の主体性に委ねるだけでは，ことは
なかなか進みません。変化のきっかけをつくり，自立的な商店街の再生
に向けた潮流を生み出すため，外部の人材を活用することもあるでしょ
う。地方都市などでは，商店街を活性化させるための外部人材を直接雇
っている自治体もでてきています。たとえば，宮崎県の日南市では，ま
ちづくり請負人を全国から募り，300 名以上の応募の中から 2 名を雇用
し，彼らの活動により，わずか数年で若者から高齢者までが集う商店街
として賑わいを取り戻しています。

　人口が減少し，社会状況が目まぐるしく変化する中，地域に最も近い
商店街という存在が，木密地域の安全性確保やコミュニティ形成の一翼
を担うことが，今後ますます重要なテーマとなってくるでしょう。

　（注3）　ここで使用した将来人口推計は，2010 年の国勢調査の人口をベースに国
　　　　　土交通省国土政策局が平成 29 年に 500 m メッシュ単位で推計を行ったもの
　　　　　です。

| 第3章 | 木密地域において新たなコミュニティを醸成するシェアハウスの実践 |

1. 社会に求められるコンセプトを打ち出す

　本章では，そこに暮らす人々の住生活に焦点を当て，生活の質の向上やコミュニティの再生という視点から，木密地域の今後を考えていきたいと思います。

　こと，木密地域には長期にわたりそこに根付く住民が多く，そのぶん濃厚な地域関係が醸成される一方で，一般的なエリアと比較して高齢化率が高いという特徴があります。

　老朽住宅の建替えやメンテナンスは急務の課題ですが，山口（2017）が既述した通り，あらゆる課題が複雑に絡み合い，それが進まないのが現状です。加えて，加速化する人口減少社会の中で，木密地域の空き家の増加もまた深刻な課題となりつつあります。このまま老朽化した住宅が取り残されれば，地域の新陳代謝はより一層低下し，良好な住生活環境の持続は難しくなることが予測されます。この解決に向けては，そこに住む居住者の生活環境を守るだけではなく，魅力的な地域づくりを実践し，あらゆる世帯を包摂するコミュニティづくりが求められます。

第3章　木密地域において新たなコミュニティを醸成するシェアハウスの実践

　木密地域は比較的利便性の高い地域に集中していることやその家賃も手ごろであることから，アイデアによっては，働く若い世帯を呼び込むことも不可能ではないと考えられます。その好例として，本章では，大阪市生野区の木密地域におけるシングルマザー向けシェアハウスの事例を取り上げ，その可能性を考えてみたいと思います。

　近年，シングルマザーの貧困問題が社会問題となりつつあり，メディア等でもさかんに取り上げられるようになりました。そのため，多様な角度から彼女らを支えようと，あらゆる取組みが始まっていますが，こと住まいの支援については手つかずのままです。

　しかし，住居費は，生活費の中でも節約のできない大きな支出であり，それが彼女らの家計を大きく圧迫していることも明らかになっています（葛西，2007）。低家賃住宅に育児ケア等の生活支援をコンバインさせ，彼女らの住生活を支える実践は，まさに時勢にあった注目されるべきものであると考えられます。

2. 大阪市生野区の木密地域の特徴と戦略

　生野区の空き家率は大阪市内のなかでも2割強と高く，その多くが，長屋や古い木造住宅であると報告されています。特に，木造長屋の割合は大阪市内でも群を抜いて高く，市内に現存するもののうち約3分の1が同区にあるという状況です（大阪市，2017）。加えて，それらは幅4m未満の道路に面していたり，小さな敷地に立っていたりという割合が高いことが特徴です（生野区，2016）。このため，建替えがなかなか進まず，空き家として放置され，それが原因で地価が下がるという悪循環が生じています。なお，条件的に恵まれた物件であっても，生野区の家賃相場

第3部　地域の潜在的魅力を持続・継承する視点から木造密集地域を考える

が相対的に低く，賃貸マンション等への建替えのインセンティブが働きにくいという課題もあります。

そこで大阪市では，何とかこの問題を解決しようと，地域の団体や不動産関連企業と連携して，空き家活用や建替え相談などの窓口をつくり多様な取組みを実施しているのです。本章のテーマである木密地域×シングルマザー向けシェアハウスというコンセプトも，区と地元企業らとの勉強会の中から発案されたものだといいます。

そこでの議論を通して行き着いたのが以下の3つのテーマでした。

① 一般的な賃貸住宅への建替えという発想から一旦離れて，入居ターゲットを明確にし，その入居者を支援する仕組みを併せて提供する。

② 建替えを行う手間や負担を軽減するために，事業者やNPO等との関連団体との連携，協働の仕組みを活用する。

③ 単なる建替えだけではなく，地域課題や社会問題の解決につながる仕組みをつくり，「建替え」で地域や社会に貢献する。

住宅そのものに付加価値を付けることであらゆる悪条件をカバーする，つまり，スペシャルニーズを有する人々はサービスの付帯された住宅に入居することで生活が安定する，自立生活につながるなどの効果を得ることができ，そういった人々が生野区に転入してくることで，地域が活性化するという点を期待したのです。

3.　なぜシングルマザー向けのシェアハウスなのか

シングルマザー向けシェアハウス「はぐぅ～む まな」を手掛けた広実ハウス工業㈱の北圭司代表は，「高齢者や障碍者向けのハウスという

166

第 3 章　木密地域において新たなコミュニティを醸成するシェアハウスの実践

図 3・6　大阪市が発表した密集住宅市街地重点整備プログラムの状況

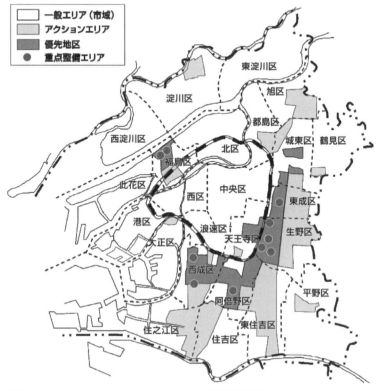

出典：www.city.osaka.lg.jp/toshiseibi/page/0000255852.html

　選択肢もありますが，やはり，若い人に入ってきてもらうことを優先したかった。そして，子どもの声があちらこちらで聞こえる地域にしたいということを考えました」ということからシングルマザーをターゲットにしたと語っています。
　確かに，ここ 30 年でシングルマザーの数は約 2 倍に急増しています。さらに，その 9 割が離婚によるものであり，それをきっかけにその多くが婚姻時の家を出ることが明らかになっています（葛西，2017）。しかし，「仕事なし」，「貯蓄なし」，中には保証人の確保さえままならないケース

167

も多く，すぐに民間の借家を確保できない世帯が多いのです。名目上，母子世帯向けと謳われている公営住宅優先入居制度は，行き場がないからといって緊急に入居できる類のものではなく，そもそも，希望する団地に空きがあるとも限りません。母子世帯向けの施設も簡単に利用できるものではなくなってきています。なによりも，これまで普通の暮らしをしてきた母子に住まいに窮したからといって施設入所を勧めるというのはあまりにも乱暴な解決策といえるでしょう。

　さらなる課題は，育児の問題です。2011年（平成23年）の厚労省の調査によると，離婚当時，6割近くが未就学児童を抱えており，たった1人で幼子の世話と仕事を両立することは容易ではないという実情があります。就職面接の際，シングルマザーと知るや否や，「保育所は確保できているか」や「残業時のバックアップ体制はあるか」などをしつこく質問されたなどの事例は残念ながらよく聞かれます。このように，いざ生活を立て直そうにも，住まい，育児，就労など，どこから手をつけていいのかわからず露頭に迷うケースは非常に多いのです。

　この解消に一役買っているのが，居住者同士で育児や家事を助けあう，または，チャイルドケアや夕食サービスなどケアの共同購入によりサービス費用を低く抑えることができるシングルマザー向けのシェアハウスというわけです。

　ここ数年，営利企業による母子世帯向けのシェアハウスの開設が相次いでいます。この背景には，増大する空き家の利活用や若者向けのシェアハウスが飽和状態となる中で，新たな顧客開拓に乗り出したいという企業側の意図があるともいわれています。

　いずれにしても，見守りや日常のちょっとした生活支援など，法的根拠のないケアを恒常的に，しかも散在する地域へ運ぶとなると，それなりのコストがかかりますが，ここを一住戸に複数の世帯が集まり，足り

第3章　木密地域において新たなコミュニティを醸成するシェアハウスの実践

図3・7　「はぐぅ～む まな」の平面図

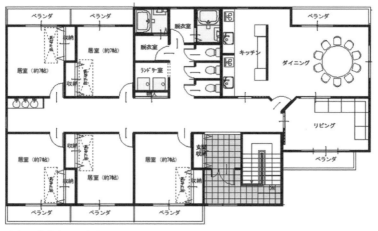

出典：事業者より提供

ないケアを補い合うことでその負担を軽減しようというのが，シングルマザー向けシェアハウスのコンセプトというわけです。一時金や保証人不要の物件も多く，空きさえあれば即日入居が可能という柔軟性や，シングルマザー向けというネーミング，そして，同じ境遇の世帯とともに暮らす安心感がウケ，入居者はじわじわと増加しはじめているといわれています（葛西・室崎，2016）。

このムーブメントをつくったのが，2012年（平成24年）に㈱ストーンズが開設したペアレンティングホームです。同ハウスは良質なハードに加え，週2回のチャイルドケアと夕食の提供といった画期的なアイデアで，そのブランド化を成功させました。「はぐぅ～む まな」をはじめ，あとに続くハウスは，ペアレンティングホームの影響を受けつつ，他方で，その独自性に富んだ事業を展開しはじめているのです。

4. 木密地域における「はぐぅ～む まな」の実践

　広実ハウス工業㈱の北圭司代表は，生野区との勉強会を重ねる中で，木密地域とシングルマザーの住生活という二つの課題を一気に解決しうる手法としてシェアハウスの可能性に行き着いたといいます。さらに，それを後押ししたのが，北代表の奥様でありNPO法人ライフデザインスタッフの宜英さん。「自分の子育てを終えて，地域の課題のために何かできないかって。そんな時，いろんなところで，シングルマザーの課題を聞いて。これや，って思ったんです」と目を輝かせながら語ってくれました。

　プランは完全に空き家となった５軒連棟の長屋を建て替えるというもの。ハウスから最寄り駅へは徒歩５分と好立地で，大阪の中心部，梅田や難波，天王寺へのアクセスも抜群。働くシングルマザーにとっては最高のロケーションです。

　とはいえ，何よりもまず，物件の所有者に建替えの了承を得ることから始めなければなりません。強調したのは，地域の実情と建替えの必要性，そして，提案する事業が地域性に見合っていること，その社会的意義の大きさでした。特に，「シングルマザー向けシェアハウス」という聞きなれない言葉に拒否反応を示されないように配慮したといいます。広実ハウス工業㈱では，建替え後，これをサブリースして月々の確実な家賃を保障すること，また，別途シングルマザーを支援するNPO法人ライフデザインを立ち上げて，入居者募集から入居後の生活支援を担うなど，オーナー側のリスクが少ないことを強調して建替えにこぎつけています。

　ハウスは木造の２階建て。ワンフロアに居室が５室（すべて７畳）。風

第3章　木密地域において新たなコミュニティを醸成するシェアハウスの実践

呂とキッチンは2か所ずつ。また，便所は朝のラッシュを考慮して3か所設置されています。さらに，玄関を入ってすぐ20畳ほどのリビングダイニングは居住者のコモンスペースとして利用されます。玄関も広々としており，小さな子どものためにベビーカー置き場も設置。1階，2階とも全く同じ間取りですが，外階段でつながっているため，上下階の生活が混じることはありません。

5. 生活をまるごと受け入れる「はぐぅ〜む まな」の生活支援

　家賃は，1階が41,000〜42,000円，2階が43,000円。共益費・管理費は20,000円。この共益費には，当初，月に4回の夕食会費が含まれていたのですが，経済的にも時間的にも余裕のない入居者が多いため，現時点では夕食会を開催せず，共益費を10,000円（シングル女性は9,000円）と改訂しています。さらに，離婚前後の不安定期の生活を支援する目的で，入居後1か月は家賃無料（共益費は必要）というサービスも付帯しました。

　生活保護受給者の入居も可能で，入居相談時に生活課題がある場合には，社会福祉協議会などと連携をとり積極的に支援を行うとのことです。シングルマザーに対しては，有償での保育所への送り迎えや預かりサービス，行政や地元企業との連携による就労支援メニューも準備されています。

　開設当時はシングルマザー限定としていましたが，思いのほか単身女性からの相談が多かったため，1階をシングルマザー専用，2階を単身女性専用と方針を変えたとのことです。2018年（平成30年）現在，シ

171

写真3·7 キッチンの様子

写真3·8 個室の様子

写真3·9 コモンスペースとなるLDKの様子

第 3 章　木密地域において新たなコミュニティを醸成するシェアハウスの実践

ングル女性 3 名（20 代〜60 代まで多様），シングルマザー 5 世帯（子ども 8 名）が居住しています。

　では，2017 年（平成 29 年）3 月の開設から 1 年足らずにしてほぼ満室の状態となった「はぐぅ〜む まな」の生活とはどのようなものなのでしょうか。夕方には，料理好きの単身女性がシングルマザー世帯にお裾分けをもって 1 階に訪れるなど，多世代の緩やかなコミュニティもできつつあります。当初は様々な課題を抱え塞ぎこみがちだった母親も，周囲の支えで明るさを取り戻し，就職，自活したという事例もあります。このほか，「はぐぅ〜む まな」では，経済的にも時間的にも余裕がなく，栄養が偏りがちな入居者のために，材料費を持ち寄った料理教室を開催しています。今では，それが定例化し，その日を心待ちにする居住者も多いのだそうです。

　「人の生活をお預かりしているので，本当に，日々，いろいろあります。そのたびにハウスに足を運んで課題解決。大変ですが，面白いですよ。先日は，高熱を出した子どもを連れて，病院に駆け込んだんですよ」と宜英さん。

　シングルマザー向けシェアハウス運営は，一般のマンション経営では考えられないような時間と手間がかかりますが，この仕組みがあるからこそ，この地域を目指して転入してくる人がいるのも事実です。広実ハウス工業㈱では，1 棟目の経験を活かし，ソフト面の支援をより合理化することで，2 棟目，3 棟目の開設も視野に入れているとのことです。

6.　地域の実情やニーズに合わせた運営が成功のカギ

　首都圏で展開されているシェアハウスと同様に，「はぐぅ〜む まな」

第3部　地域の潜在的魅力を持続・継承する視点から木造密集地域を考える

でも，当初は働くシングルマザーの負担を軽減しようと，食事会や育児支援などを積極的に行うことを想定していたそうです。しかし，居住者と接するうちに，「高額な共益費を取ってサービスを付帯するより，うちのスタイルは料理なんかを一緒にすることで，生活スキルを身につけてもらう方がいいのかな。コミュニケーションも取りやすいし」というように早い段階で方向転換を決めています。

　日々の生活に追われるシングルマザーはご飯の作り方や栄養価など，なかなか配慮する余裕がないケースも多いのが実態です。ハウスでは，夕食の支度の際，「ちょっとしたひと手間で素晴らしい夕食になるよ」とその手法も積極的に伝授しています。いつも，具材のない焼きそばを食べていた入居者が，そこに，野菜を入れ，ウインナーを入れた写真を送ってくれた時には，涙が出るほどうれしかったと宣英さん。「朝食も手間をかける必要なんかないよ，お味噌汁に野菜をたくさん入れてみて！」とのアドバイスを実践した入居者から，「こどもの便秘が解消した」と報告を受けたエピソードも聞かれました。

　シングルマザー向けシェアハウスは，一つの事業モデルをすべての地域に当てはめることはできません。どの地域で開設するか，どんな階層が入るかでサービスニーズは大きく変わります。生野区には生野区のニーズがあり，それに耳を傾け柔軟に対応していく。「はぐぅ〜む　まな」はそれが功を奏した事例といえるでしょう。

　シェアハウスの内部には，20畳ものコモンスペースがあり，これを地域に開くことで地域関係はより多面的になると期待されます。コモンの用途も，お茶会，料理教室，子育てサロン，子ども食堂に学習支援室など多様なものが想定され，利用者層も限定されないことがポイントです。このような地域の拠点が増えることで，転入世帯のみならず，地域居住者の生活の質も向上すると考えられます。

174

第3章 木密地域において新たなコミュニティを醸成するシェアハウスの実践

　少子高齢化時代のまちづくりには，やはり，医療や福祉，保育や教育など生活を支えるファクターとの連携が求められます。そういった意味において，「建替え」により，地域の課題や社会問題を解決する仕組みづくりというコンセプトは，これからの社会に欠かせない重要なテーマといえるでしょう。

〈参考文献〉

山口幹幸「大都市の木造密集地域のこれからを考える（第1回）概論」『Evaluation』No.64，2017

葛西リサ（2007）「母子世帯の居住水準と住居費の状況―大阪府及び大阪市の事例調査を中心として―」『都市住宅学』59号，pp.15-20

大阪市（2017）「大阪市における空き家の状況とこれまでの取り組み」 www.city.osaka.lg.jp/toshikeikaku/cmsfiles/contents/0000341/341575/1-3_siryo3.pdf（2018年2月19日参照）

生野区役所地域まちづくり課（2016）「建替えのすすめ　小さな建替えが生野の未来を明るくする」

葛西リサ（2017）『母子世帯の居住貧困』日本経済評論社

厚生労働省雇用均等・児童家庭局「全国母子世帯等実態調査結果の概要」

葛西リサ，室崎千重（2016）「ケア相互補完型集住への潜在的ニーズの把握と普及に向けた課題―地域に住み続けるためのケアと住まいの一体的供給の可能性」『住総研研究論文』No. 42，2015年度版

第4部 木造密集地域は解消できるのか

第1章	# 新たな災害リスク要因と木密地域とのかかわりを考える

本章では，木密地域を東京の広域的な都市構造の視点から俯瞰し，①広域的な災害リスクとその対応，②集約型都市構造の形成，③地域に不足する避難場所や公園・緑地の確保について，現状の課題と対応方向について考えます。

1. 木密地域の災害危険性が都市機能を麻痺させ，経済的損失も甚大になる

木密地域の抱える課題は，東京の都市構造に大きく影響を及ぼすため，木密地域の課題を，その地域だけでなく，周辺地域を含めた広域的な観点から捉え，あるべき方向を検討していく必要があります。

木密地域の災害危険性の解消は，これまで地区改善の視点から対策が講じられてきましたが，木密地域で起きた災害が周辺地域に大きく影響し，大量の帰宅困難者を発生させたり，都心・副都心機能を麻痺させる危険性を有していることについては，あまり認識されていません。

しかし，木密地域の災害，特に火災による延焼拡大や老朽建物の倒壊

第 1 章　新たな災害リスク要因と木密地域とのかかわりを考える

図 4・1　木造密集地域の延焼による被害拡大のイメージ

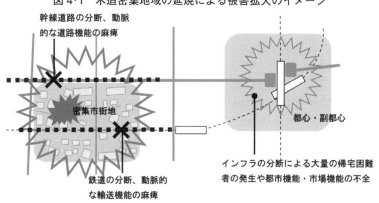

出典：筆者作成

による幹線道路の閉塞等により都市機能が麻痺し，それが大きく社会に影響を及ぼすとともに，経済損失も甚大になることは，過去の災害の経験からも明らかです。

阪神・淡路大震災調査報告[注1]では，阪神・淡路大震災による港湾被災と道路被災を総合した経済被害を推計しています。時間軸で追ってみると，震災直後の 1995 年（平成 7 年）3 月，1 か月の経済被害は 966 億円，9 か月後の同年 10 月においても 794 億円と経済被害があまり減少していません。震災後 2 年間の経済被害は，製造業において 1 兆 3,750 億円，卸売業 3,190 億円，小売業 840 億円に及んでいます。

翻って，東京 23 区に大震災が発生した場合はどうでしょうか。

中央防災会議「首都直下地震対策専門調査会」[注2]における被害想定によると，地震発生の蓋然性が比較的高く，都心部または都心部周辺で発生しうるタイプとシーンを想定し被害想定をシミュレーションしています。被害想定結果は，「揺れ」，「地震出火火災・延焼」，「死傷者の発生」の三つについて示されています。

「揺れ」については，震度 6 の揺れが広範に分布し，揺れにより多数

179

第 4 部　木造密集地域は解消できるのか

の建物が全壊します。全壊棟数は，東京湾北部地震で約 15 万棟，都心東部直下地震で約 14 万棟，都心西部直下地震で約 16 万棟と想定されています。特に，都心西部直下地震では，環状 6 号線から 7 号線の間を中心に地域によっては環状 8 号線にかけて広範に分布する木密地域において，震度 6 強の強い地震動が発生するため，最大の被害規模となるとされています。

　「地震火災出火・延焼」については，木密地域が広域的に連担している地域などを中心に，地震火災が同時多発し，大規模な延焼に至る可能性があるとされています。特に火気器具や電熱器等の使用率が高く延焼速度が速い夕方 18 時，風速 15 m /s のケースが被害最大となるとされています。また，不燃領域率が低い木密地域が広範に連担する環状 6 号線から 7 号線を中心とする地域は，同時多発火災に伴う延焼の拡大危険性の高い地域のため，震度 6 強の地震では特に大きな火災被害が発生します。焼失棟数は，東京湾北部地震で約 65 万棟，都心東部直下地震で約 51 万棟，都心西部直下地震で約 61 万棟と想定されています。

　こうした被害による「死傷者の発生」については，火災発生初期の逃げ遅れ，家屋全壊に伴う閉じ込め，火災延焼時の屋外での逃げまどいにより多数の死傷者が発生します。特に火災延焼規模が最大となる午後 6 時，風速 15 m /s の場合，被害が最大となり，死者数は，東京湾北部地震で約 6,200 人，都心東部直下地震で約 6,300 人，都心西部直下地震で約 8,000 人と想定されています。東京都心部の環状 6 号線から 7 号線の間の不燃領域率が低い木密地域では，最も大きな影響を与える都心西部地震時の被害が最大となるとされています。

　以上示したように被害は甚大なものですが，鉄道や道路等のインフラへの影響も極めて大きいといえます。2017 年（平成 29 年）10 月に発生した小田急線の車両火災事故の記憶は新しいですが，沿線火災で電車の

第1章 新たな災害リスク要因と木密地域とのかかわりを考える

図4・2 東京23区内の木造密集地域内を走る鉄道・幹線道路

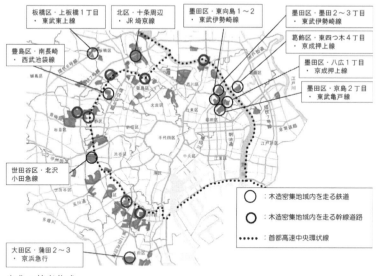

出典：筆者作成

屋根に飛び火し，けが人はなかったものの7万人に影響を及ぼしました。鉄道の安全対策の考え方は，救急時に安全性を確保するため，速やかに停止することであり，今回の火災事故においては，火中であるにもかかわらず緊急停止したため，車両に延焼したことが原因となりました。また，鉄道境界線は延焼遮断に供する防護柵等は配置されておらず，車両延焼に時間を要しませんでした。この事故からもわかるように，市街地の火災が影響し鉄道や道路が寸断されることは現実に起こり得ることなのです。

東京23区内の木密地域内を走る鉄道は10路線あり，一日当たりの輸送人員は10路線合計で600万人[注3]を超えます。また，環状7号線や8号線といった緊急輸送路に位置づけられた道路や広域ネットワークを形成する首都高速道路が木密地域に近接しており，木密地域で火災が発生し延焼が拡大すると，こうした都市の動脈となる鉄道や道路が寸断され，

181

第4部　木造密集地域は解消できるのか

　その結果，近接する都心や副都心の都市機能・市場機能が麻痺し，阪神・淡路大震災の被災・経済的損失を遙かに上回る甚大な被害に至ることは想像に難くありません。

　こうした広域的な災害リスクに対しては，木密地域の災害危険性の解消を，単に地域だけの課題として捉えるのではなく，東京インナーエリアにおける災害時のリスクマネジメントの観点から広域的に捉える必要があります。財政状況，マンパワー等の問題から木密地域の改善は後回しということではなく，都心・副都心，生活拠点など木密地域を取り巻く周辺地域を含めた総体を対象として，建物の不燃化，耐震化，老朽空き家等の除却，延焼遮断帯の形成，安全な避難路の確保など，総合的かつ広域的に災害時の安全性を図ることが望まれます。

（注1）　阪神・淡路大震災調査報告「社会経済的影響の分析」阪神・淡路大震災調査報告編集委員会（土木学会，地盤工学会，日本機械学会，日本建築学会，日本地震学会）

（注2）　中央防災会議「首都直下地震対策専門調査会」（第13回　平成16年12月15日）における被害想定。

（注3）　都市交通年報（平成26年度）に基づき，木造密集地域と重なる路線の日当たりの輸送人員を試算。

2. 木密地域は東京における集約型都市構造の一翼を担う

　次に，木密地域の立地ポテンシャルを活かし，東京の抱える課題や今後顕在化する課題の解決を図る方向性について考えます。地球環境問題への対応や地方公共団体の都市経営的な観点から都市の集約化が叫ばれ

第1章 新たな災害リスク要因と木密地域とのかかわりを考える

ていますが，それは，地方都市に限った問題ではありません。大都市東京においても，都市の集約化は今後の政策課題です。

2017年（平成29年）9月，東京の2040年の未来づくりに向けて，「都市づくりのグランドデザイン」が策定されました。これまで経験したことのない少子高齢・人口減少時代に向けて，東京の都市構造を改変し，コンパクトで多様な特色のある地域構造をつくることが明確に位置づけられています。東京の都市構造については，広域レベルと地域レベルの二層の都市構造で捉えられています。そして，地域レベルの都市構造については，「東京の都市づくりビジョン」（平成21年）において，身近な圏域において，鉄道網等の既存のインフラを生かしつつ都市機能を集約し，誰もが暮らしやすいコンパクトな市街地への再編を進めていくことが示されています。また，2014年（平成26年）に策定された都市計画区域マスタープランにおいては，50か所の生活拠点を位置づけるとともに，人口動態の大きな変化を踏まえて，「集約型都市構造」へ再編すべきとの基本方向性が示されました。このように，大都市東京においても，今後の社会経済状況の変化に対応し，「集約型の都市構造」に大きく舵を切ることが求められているといえます。

しかし，東京都市圏で起きる（既に起きている）人口減少は，単純に郊外から都市部に向かって進行するものではありません。郊外，インナーエリアにかかわらず，交通が不便な地域など居住地として不利な条件を持つ地域や地区を中心にまだら状に起き，それが今後大きな問題になります。

そのため，今後，集約型の都市構造への転換に向けた具体的なアクションが求められます。ただ，東京における集約化の態様は，地方都市とは大きく異なります。東京は，センターコアエリアを中心とする国際都市東京の中枢拠点を有するとともに，副都心，鉄道結節点を中心とする

183

第4部　木造密集地域は解消できるのか

生活拠点等が分散しており，一極依存構造を形成する現在の東京圏市街地は，多極分散化型の集約構造として性格の異なる小圏域に分化し，それぞれが連携・競合しあいながら緩やかな集合体として再編されていくことが想定されます。都市活動や生活活動も小圏域を基礎的な空間単位として行われることがイメージされます。

　そして，多極分散型の集約構造を目指す場合，その実現に大きく貢献するのが木密地域だといえます。既成市街地の駅前周辺は既に高度利用が進み，これ以上の集約化が困難なところも多いなか，これまで手つかず状態であった木密地域をテコ入れし，東京における新たなコンパクトシティのモデルを構築することが考えられます。単に，木密地域を高密度化し居住機能を集約するということではありません。木密地域の立地特性に応じて再生方法を選択しながら，質の高い複合住宅市街地として，環境に調和し適正密度で構成される市街地に再編していくことがイメージされます。

　ただ，木密地域の実態をみると，居住者の高齢化に伴い空き家・空き地が発生し，なかには不在空き家もあります。空き家対策を図らずには，木密地域の再編も進みません。空き家問題とその対応については，次章で詳述します。

3. 木密地域の再生を通じて避難場所機能を拡充する

　首都圏では，首都直下地震などに備えてそれぞれの自治体で「避難場所」を定めています。東京都区部の「避難場所」は，地震火災から住民の生命を守るため，2013年（平成25年）5月現在で197か所指定されています。また，地区の不燃化が進んでおり，万が一火災が発生しても地

第1章　新たな災害リスク要因と木密地域とのかかわりを考える

図4·3　東京都区部の避難場所・地区内残留地（平成25年度改定）[注4]

区内に大規模な延焼火災の恐れがなく広域的な避難を要しない区域として「地区内残留地区」が，同年同月現在で34か所，約100k㎡指定されています。しかし，中央防災会議資料によると，首都直下地震が発生した場合，約720万人の避難者が発生するのに対して現在指定されている「避難場所」では，約220万人分しか対応できず，都内だけで約500万人分不足すると想定されています。これは規模にして，東京だけで東日本大震災の19倍の避難者が発生することを意味します。今後，子ども世帯の減少により，小・中学校の統廃合が進み，さらに避難場所が減少していくことが懸念されます。また，地区内残留地の分布状況をみると，都心から湾岸エリアに集中，偏在しています。そのため，内陸部のエリ

185

第4部　木造密集地域は解消できるのか

ア，特に木賃ベルト地帯周辺にまとまった規模の避難場所を確保してい
くことが求められます。そのため，木密地域内の散在する空き地を活用
するとともに，空き家除却等を通じて，まとまった規模の空き地を創出
し，地域に不足する「避難場所」や「一時避難所」機能を充実させてい
くことも必要と考えられます。

　概して，公園・緑地が欠如する東京のインナーエリアにおいて，木賃
ベルト地帯と呼ばれる木密地域の連担性に着目すれば，木密地域相互の
有機的な連携を図り，空間構造としてネットワーク化させ，緑の環状構
造を構築することも，環境政策の一つとして考えられます。木密地域内
で発生する空き地を緑地化しネットワーク化することで，現在の都市構
造を環境先導型の構造へ改変させていくことが可能になります。また，
こうした考え方を，大都市東京における「グリーンニューディール」政
策として打ち出すことで，木密地域の環境改善に対する投資を拡大し，
低迷する景気・深刻化する雇用に対しても，何らかの対応が図れるもの
と思われます。

　近年，CASBEE-街区(注5)や LEED 認証(注6)など，国内外で環境・エ
ネルギーやレジリエンスに対する地域レベルの評価・認定制度が創設さ
れ，地域のパフォーマンスを評価する動きもあります。また，不動産投
資の分野でも，ESG 投資(注7)など，環境評価が不動産投資の価値基準に
なるなど，新たな動きが顕在化しつつあり，こうした視点から木密地域
を再評価することも考えられます。

　以上，東京の都市構造からみた木密地域の抱える課題と可能性につい
て考え方を示しましたが，東京の都市構造を広域的に捉えると，広域的
な災害リスクの解消の視点から改善を図るとともに，木密地域の立地ポ
テンシャルを活かし，将来の東京の都市構造再編の先導事業（トリガー）
としていくことが期待されます。

第1章　新たな災害リスク要因と木密地域とのかかわりを考える

（注4）　東京都都市整備局ホームページ http://www.toshiseibi.metro.tokyo.jp/
　　　　bosai/hinan/hinan01.htm）

（注5）　地区スケールで,地域の防災性能やエネルギー環境性能を評価するツール。

（注6）　米国グリーンビルディング協会（USGBC:US Green Building Council）
　　　　が開発，および，運用を行っている建物と敷地利用についての環境性能評価
　　　　システム。

（注7）　環境（Environment），社会（Social），企業統治（Governance）に配慮
　　　　している企業を重視・選別して行う投資。

4.　地方都市の木密地域の改善も課題

　本章では，東京を中心に広域的な災害リスクと立地ポテンシャルを活
かした市街地再生について述べてきました。最後に，東京周辺市や地方
都市の木密地域の抱える課題にも言及して，この章を閉じたいと思いま
す。

　木密地域の問題は，なにも国が指定した「危険密集市街地」だけを解
消すればよいということではありません。東京周辺市には，「危険密集
市街地」には位置づけられていないものの，木造住宅が密集した稠密な
市街地が広域的に広がっている地域も複数あります。たとえば，神奈川
県茅ヶ崎市では 9,000 棟以上の木造住宅が連担する市街地が広域的に広
がっています。こうした地域は「延焼クラスター」や「延焼運命共同体」
と呼ばれ，火災を消火できなかった場合，隣から隣の家屋へと延焼は拡
大し，クラスター内の建物全てが焼失することになります。

　また，2016 年（平成 28 年）12 月 22 日に発生した糸魚川大火に続き，
2017 年（平成 29 年）10 月 25 日，兵庫県明石市大蔵中町の商店街「大蔵
市場」で火災が発生し，店舗兼住宅，延べ約 2,600㎡が全焼しました。

187

第4部　木造密集地域は解消できるのか

　このように，地方都市で火災が頻発していますが，燃え草となる木造建築やトタン屋根が使われていたこと，空き家の多さなどが火災発生の共通した課題となっています。

　こうした課題に対しては，まず火災を発生させないこと，また，発生した火災が延焼しないようにすることを平常時から，行政と地域住民が協働して対応していくことが必要です。燃え草となる木造空き家を解消する，防火木造建築物を耐火・準耐火建築物に改修または建え替えるとともに，道路や公園を整備し延焼しにくい街区をつくる，平常時から防災訓練や消火訓練を行い災害時に迅速に対応できるようにするなど，ハード・ソフトを含めて対応していくことが重要です。なかでも，燃え草となる空き家の解消は課題です。この課題については次章で詳述しますが，地域の空き家対策を通じて，災害リスクの軽減につなげることが重要です。

| 第2章 | 防災都市づくりに対する評価と課題 |

1. 東京の防災対策の難しさ

　阪神・淡路大震災における木密地域の市街地大火，いわば防災面からの木密問題がクローズアップされてから23年余りが経過しました。この震災を教訓に，東京都は木密地域の安全性を高めるため防災都市づくり推進計画を策定し，国や地元区市と連携して様々な事業を展開してきました。この経緯は，第2部第2章の「東京都の取組みの軌跡」で述べてきたところです。

　さて，今日では世界各地で地震が頻発し，わが国でも南関東大地震や首都直下地震の切迫性も指摘されています。都内に存在する広範な木密地域は，まさに災害に対し脆弱な東京を象徴するものです。この防災対策は，「いま災害が起きたらどうするか」という点で直面する重要な課題といえますが，これまでの取組みによって懸案の木密地域の安全性は磐石なものとなったのでしょうか。

　木密地域に特化した震災時の安全性を高めるのはもちろん大切ですが，東京の防災対策の難しさは，約1,400万人が住み，約1,600万人が

第4部　木造密集地域は解消できるのか

活動する大都市であることです。特に，大震災が生じた際，人が溢れ，混乱した都心部等の状況は容易に想定されます。都心部の近くに木密地域が存在することからも，木密地域の安全性を論じる際には，この影響も無視できないものと思われます。

　さらに言えば，東京の防災対策は，過密化した都市という特殊性を，木密地域の防災都市づくりとの関連でどう捉えるか。つまり，都心部等の混乱が木密地域に及ぼす影響と，木密地域の存在が東京全体の防災対策に与える影響という相互関連性を視野に入れた検討が不可欠だと思います。

　本章では，阪神・淡路大震災以降の木密地域の整備状況を客観的に評価するとともに，都市的観点からみた東京の防災都市づくりの課題について考えます。

2. 防災都市づくりの評価と課題

(1)　木密地域は安全になったのか

　直近に策定した2016年（平成28年）の推進計画の時点では，震災時に特に危険な重点整備地域の不燃領域率は約59％，延焼遮断帯形成率は約56％となっています。人の安全かつ円滑な避難などの点で少なくとも確保すべき目安（基礎的安全性）となる不燃領域率40％を大きく超え，震災直後の1996年（平成8年）に比較し，不燃領域率が約11％，延焼遮断帯形成率も約15％上昇しています。

　2025年までには，さらに不燃領域率を70％以上，延焼遮断帯形成率を約75％以上に高める。そして，木密地域内の都市計画道路をすべて

190

第2章　防災都市づくりに対する評価と課題

完了し，既存住宅は，少なくとも準耐火建築物への建替えを誘導すると
ともに，耐震性が不十分な建物の解消を図るとしています。

　こうした数値の動向からみると，阪神・淡路大震災の発生当時に比べ，
東京の木密地域の安全性は格段に高まっているように思いますが，いか
がでしょうか。

　翻って，わが国の震災の歴史を振り返れば，その都度，想定しなかっ
た新たな問題に遭遇し，それを教訓にした経験の積み重ねのなかで今日
の震災対策があるのも事実です。政府の福島原発事故調査・検証委員長
は，最終報告の談話で，「あり得ることは起こる」，「あり得ないと思う
ことも起きる」との前提で災害に備えなければならないと語っています。

　我々は，阪神・淡路大震災や東日本大震災など，過去に生じた数々の
震災から多くを学び，現代の防災対策に活かしています。しかし，都市
機能が極度に集中した大都市でひとたび震災が発生すれば，予想もして
いなかった事態を生じることもあり得るのです。

　このため，木密地域の現状を冷静に受け止め，災害時に発生する事象
をあらゆる角度から検討して対策をたてる必要があるといえます。

(2)　不燃領域率や不燃化率は高まったが……

　さて，不燃領域率や不燃化率，延焼遮断帯形成率の実績については，
その意味合いを考えてみる必要があります。数値が上昇したことだけか
ら安全性を楽観視するのは早計に過ぎます。

　不燃領域率は，一定の火災発生条件のもとで，市街地の不燃領域率が
70％程度に高まると焼失率がゼロに近づくとする，確率統計的な理論に
もとづくものです。気象・地盤条件，火災の発生件数等で状況は異なり
ます。いかなる場面でも延焼火災がなく市街地が焼失しないというもの
でもありません。一方，不燃領域率が上昇した理由を考えれば，都市計

第4部　木造密集地域は解消できるのか

画道路が整備されオープンスペースが拡大したことによるものか，建替え容易な幹線道路沿いの不燃化が進んだ結果とも推察できます。肝心の木密地域の真ん中では，建替えが困難なため改善が進まず，延焼火災の恐れは解消されていないとも考えられるのです。地域をマクロ的に捉え，防災施策の実績を平均値だけでとらえると，誤った判断や真実の姿を見失うことになります。

　また，建物の不燃化率の上昇をどうみるべきでしょうか。新防火地域の指定によって防火規制を強化したり，不燃化特区制度を活用して建物所有者への税負担の軽減や助成を行えば，老朽木造から準耐火建築物への建替えが促進し，不燃化率は高まるでしょう。しかし，アイロニカル的な見方をすれば，準耐火建築物にしたところで，建物が燃焼・延焼しないわけではありません。建築基準法で定義する準耐火建築物とは，柱や梁などの主要構造部が準耐火構造であるもので，これは一般的な火災によって建物が加熱されてから45分間構造耐力上支障のある変形や溶融等を生じないものとされます。つまり，通常の火災時に一定の時間，火災に耐えうる性能をもつということなのです。不燃化という言葉が，燃えないという意味にとらえられ，誤解されてしまう恐れがあります。

　とすると，火災によって被災した建物が，火災に耐えうる時間の中で消火活動が迅速に行われなければ周辺建物に飛び火して延焼するかもしれません。つまり，火災発生の初期段階での消火活動が大切であり，適切に行われることが不可欠なのです。同時多発型の火災であれば人命にかかわる問題となり避難を必要とするかもしれません。消火活動が円滑に行われるためには，消防車の入れる6m以上の道路幅員や，消防ホースの稼働範囲を考慮した道路の配置が必要となります。こうした生活道路を計画的に整備し消防活動の困難地域を解消しなければ，火災を防御できないのです。また，消防車や人の避難する道が，建物の倒壊によ

り塞がれないよう，沿道建物を不燃化・耐震化することも重要です。さらに，路上の不法駐車や放置自転車，電柱の転倒によって細街路が閉塞され，消防活動に支障をきたすことのないようにするのも大切です。阪神・淡路大震災時には，何十台もの消防車が立ち往生して現地に駆けつけられなかったことが，被害拡大の大きな原因となったのです。新潟県糸魚川火災の時にも，同様に消防力の低下が指摘されています。

(3)　延焼遮断帯形成率も高まったが……

　骨格防災軸や重点整備地域内の主要延焼遮断帯の整備も着々と進みました。いわば市街地火災の焼け止まり線として，隣接した区域への延焼火災を遮断し被害拡大を防止する機能が高まったといえます。

　遮断帯が構築されると，その内側の幹線道路は，火災時の輻射熱から防御され，緊急時の救急車両や物資輸送車両が安全に走行できます。また，広域避難場所につながる指定避難道路の場合には安全な避難路として通行できます。延焼防止効果については，過去の市街地火災からも実証されているところです。このように延焼遮断帯が火災時に重要な機能を担うため，基幹的な幹線道路等は沿道建物の不燃化とともに沿道建物が倒壊することがないように，都条例によって，旧耐震建物の耐震診断の義務づけや耐震改修を促進する措置を講じています。

　しかし，何らかの原因で延焼遮断帯が有効に機能しなかった場合は，人・車の混乱や火災拡大によって大きなパニックに陥るのは明白です。予想しなかった災害現場の混乱や被害拡大を招き，行政の描いた災害対応のシナリオも一気に崩れることになります。

　たとえば，未完成の延焼遮断帯から火炎が広がったり，阪神・淡路大震災時のようにデパートやマンション等が幹線道路側に崩れ落ちることはないでしょうか。建物の耐震化を促進するために都条例で耐震診断が

第4部　木造密集地域は解消できるのか

義務づけられたとはいえ，耐震改修にまでは手つかずの建物が多いのも事実です。それは，建物所有者や賃貸ビルでのテナントの理解が得られないとか，区分所有マンションでの合意形成が整わないことなどが原因となっています。災害時の安全性確保といった公益を守るためには，助成による誘導や緩い規制ではなく，的確な建物とするように，所有者等にもっと厳格に対処する必要があるかもしれません。

　さらには，前章で指摘している木密地域を通過する鉄道や首都高速道路の延焼遮断帯機能は確保されているのでしょうか。不十分な箇所はないでしょうか。火の手が軌道を塞ぎ，電車が立ち止まり，交通機能が寸断するかもしれません。通勤・通学時間帯で発生した場合には多くの人を巻き込んだ惨事にも発展します。震災時に引き起こされる様々な問題は，災害の発生する時刻によって異なります。よって，延焼遮断機能を検証することはもちろんのこと，鉄道や首都高速道路側とは防災に係る情報の共有と災害時の対応策など，連携した取組みも必要といえます。

(4)　避難者対応に問題はないか

　東日本大震災時には，首都圏の鉄道の多くが長時間にわたって運行を停止しました。道路では大規模な渋滞が発生し，バスやタクシーなどの運行にも支障を生じています。発生時刻が平日の日中の時間帯ということから，首都圏全体で約515万人，都内で約352万人に及ぶ帰宅困難者が発生したとのこと（内閣府の推計）。ターミナル駅で立ち往生する帰宅困難者，徒歩等で帰宅する人々，行き場のない人が歩道を埋め尽くす姿は，記憶に新しいところです。また，食料が品切れとなったコンビニが多く，通信が錯綜して電話やメールで家族との安否確認等が容易にとれない事態が続出したり，計画停電の実施にともない不自由な生活を強いられたことなど，日常では考えられない数々の事態に直面しました。こ

写真4・1　東日本大震災の帰宅困難者の受入れ（都庁舎）

出典：東京都防災ホームページ

写真4・2　東日本大震災時の混雑（品川駅付近）

出典：東京都防災ホームページ

れらは大都市特有の問題として，解決方策を見出すことが必要です（写真4・1，4・2）。

❶帰宅困難者を受け入れる一時滞在施設の不足

　特に，震災時の帰宅困難者への対応が急がれます。これらの人々に情報伝達が不徹底であったり，誤った情報が伝えられることにより，パニックに発展する恐れもあります。災害を助長するばかりか，人的な二次災害を発生させることにもなります。この対応は，情報の提供や受入れ

施設に係る問題，駅周辺等における混乱防止など検討内容が多岐にわたることから，東日本大震災以降，国・自治体・民間企業等の各機関が連携・協働して取り組んできました。これを受け東京都は，2012 年（平成24 年），都民・事業者・行政が取り組むべき基本的責務を明らかにした条例を制定し，翌年 4 月から施行しています。この条例では，従業者の一斉帰宅の抑制と従業者の 3 日分の飲料水等の備蓄のほか，公共施設の指定や民間施設の協力を得て帰宅困難者の一時滞在施設の確保などの施策を講じるとしています。これらの対策が，震災時に大きな効果を発揮するのを期待するところです。

しかし，東京都が 2012 年（平成 24 年）に公表した「首都直下地震等による東京の被害想定」では，都内滞留者は約 1,387 万人，その内，徒歩帰宅者が約 870 万人，帰宅困難者は約 517 万人としています。これに対して，帰宅困難者を受け入れる一時滞在施設の確保状況は，2017 年（平成 29 年）7 月現在，公共・民間施設を合わせて 918 施設，約 33 万人分となっています。都区では受入施設の募集や民間企業との協定締結に努めており，これによって施設数は徐々に増加していますが，需要に対しては未だ微々たるものといわざるを得ないのが現状です。

また，都条例は，一斉帰宅の抑制や水・食料 3 日分の備蓄を事業者の努力義務としていますが，事業者の条例の認知度は全体で約 64％，努力義務を満たすのは半数程度，外部の帰宅困難者向けに備蓄しているのは約 20％に留まっているのです（平成 29 年東京商工会議所「会員企業の防災アンケート」）。

そうすると，行き場を失った帰宅困難者や避難場所に避難する人々が車道に溢れ，車の渋滞や緊急車両が立ち往生する事態も想定されます。また，混乱のなかで地下街や通路等の空きスペースに人が殺到することや，場合によっては，木密地域内に人や車が押し寄せることがないとも

いえません。こうした事態が生じれば，木密地域の混乱をさらに助長する要因ともなりかねません。

❷災害時に混乱する避難場所

　前章では避難場所の問題をとりあげていますが，このなかでは，都内の避難者数約720万人に対し，避難場所が約220万人分しか確保できず，約550万人分相当が不足している現状を説明しました。避難場所は，地域住民の避難先としての使用を想定していますが，自力での災害対応が困難な要介護者や障がい者等，要配慮者だけでも膨大な数にのぼるため，要配慮者への対応を優先することが求められています。このように避難場所が厳しい実情であるにもかかわらず，災害時には多くの帰宅困難者と競合する事態も想定されます。

　避難場所を，都心部・臨海部，区部外周部，木密ベルト地帯を含むそれ以外のエリアと，大まかに三つに区分して見た場合，木密地域近傍では，区部外周部に比べて避難場所の規模が小さく，指定数も少ないように思います。つまり，都心・副都心等の拠点付近に滞留する人が行き場を失った場合，そこからほど近い木密地域内や避難場所に流れ込むことも否定できず，避難場所が過密状態になる恐れもあるのです。

❸大都市に不足するオープンスペース

　都市機能が高度に集積した東京は，過密化・肥大化が進行し，大規模災害に極めて脆弱な構造にあります。都市の無秩序な膨張を防ぐことや災害時の様々な問題に対処するうえで，最も重要な鍵となるのは，大規模な公園・緑地等のオープンスペースと考えます。しかし，こうした空間は大都市では不足しがちです。また，昨今の規制緩和等の動きのなかで減少する傾向すらみられます。人口減少にともなう小・中学校の統廃合による校庭スペースの減少やこの跡地開発，保育所など民間開発による公園の多目的利用を促すPARK-PFIの推進など。こうした時代の要

第4部　木造密集地域は解消できるのか

請による流れを全て否定するものではありませんが，関東大震災後の復興過程で，防災対策の一環として小学校に隣接し整備された公園が次々と消滅していくことが憂慮されます。オープンスペースは，過密化した大都市にとっては有益なものであるため，積極的に創出することも必要といえるでしょう。

　阪井（2013）は，都市の空いた空間（オープンスペース）が，都市の社会変化に対する適応力や柔軟性，災害・減災への対応という「都市のレジリエンス」に寄与するとしています。過密化・肥大化の進む東京では，規模の大小を問わず，都市の隙間空間であっても有効なオープンスペースを積極的に創出し，都市のレジリエンスを向上することが求められているのです。

　災害に強い都市構造とし，災害時の安全性を確保するためには，都心部等に近接して広大な公園・緑地等のオープンスペースを確保することが望まれます。いうまでもなく，不特定多数の人たちが集中する場所では大勢の帰宅困難者等が滞留することになるからです。

　たとえば，日比谷公園のおよそ20倍の広さを持つニューヨークにあるセントラルパーク（約320 ha）のような規模の公園を連担させたもの。わが国の都市づくりの歴史において実現に至らなかった「グリーンベルト」のような構想です。オープンスペースは，不足する避難場所として利用するほか，その一部を帰宅困難者の一時滞在施設，災害復旧までの仮設住宅用地，災害時の駐車スペースに活用できます。また，大規模な備蓄倉庫，緊急救命医療施設，高齢者等災害弱者の一時受入れ施設の活用も考えられます。さらには，災害時に道路・鉄道のネットワークが機能不全となることも想定され，こうした事態に備え，リダンダンシー[注1]の考えから海・河川等の水路および空路による広域連携や後方支援態勢を得るための基地にもなると考えられます。

198

第2章　防災都市づくりに対する評価と課題

（注1）　リダンダンシー（redundancy）とは，「冗長性」，「余剰」を意味する英
　　　　語であり，国土計画上では，自然災害等による障害発生時に，一部の区間の
　　　　途絶や一部施設の破壊が全体の機能不全につながらないように，予め交通ネ
　　　　ットワークやライフライン施設を多重化したり，予備の手段が用意されてい
　　　　るような性質を示します。

3.　木密地域解消への新たな視点

　これまでの木密地域の整備においては，建物の不燃化率や耐震化率，
不燃領域率，延焼遮断帯形成率といった指標によって地域の防災安全性
を評価してきました。地域の安全性を大まかに捉えることはできますが，
それぞれの指標を過信することはできません。指標の数値が高まったと
しても，地域全体が安全であるとはいい切れないからです。

　問題は，地域内の至るところで建物の不燃化・耐震化が進んでいるか，
また，消防活動や避難路となる道路の整備，これに併せた沿道建物の不
燃化等が促進しているか，さらには，2方向に避難できる道が確保され
ているか，自宅から生活道路を通って周辺部に安全に至ることができる
かなど。実際の避難を想定してきめ細かく地域を観察し，災害時の弱点
となるところを見逃さずに克服する。そのうえで，延焼・倒壊・避難上
の危険性を被災状況のシミュレーションによって検証し，その結果をふ
まえ再び整備にフィードバックする。ダイアグラム的に整備の方向性を
考えれば，このような道筋で進めることが理想といえます。地域の安全
性を確保するには息の長い取組みを要すると思います。また，狭い道路
や小規模敷地といった木密地域の典型的な場所では不燃建替えができな
いのも明白です。この整備困難なところでは新陳代謝が進まずに，地域

199

第 4 部　木造密集地域は解消できるのか

の中でとり残されて改善の目途が立たないのも事実です。

　こう考えると，木密地域では完璧に整備し，安全性を盤石な状態にすることには限界があるともいえます。たとえ，減災効果が高まったとしても，木密地域は一向に解消しないのです。むしろ，問題個所を残したまま，現況と同じような建物の更新が進むことで，将来に向けて土地利用をますます固定化し不変なものとしてしまうのです。

　木密地域の整備は，緊迫化する大規模な地震に備えるべきことは，当面の整備方針として当然といえます。ですが，不確実性の高い都市において震災時の安全性を確固たるものとするには，オープンスペースなどの都市インフラの整備による都市構造の改編が必要と考えます。こうした長期的な土地利用の方向性を睨みながら，当面の整備を進めることが肝要です。現状の土地利用を是認したまま進める木密地域整備は，ややもすると，本来の望ましい都市像からは乖離した方向にあるのかもしれません。

〈参考文献〉

「第 13 回事故調査・検証委員会　畑村委員長記者会見」読売新聞 2012 年 7 月 23 日

東京都「首都直下地震等による被害想定」2012 年 4 月

東京都「今後の帰宅困難者対策に関する検討会議報告書」2018 年 2 月

阪井暖子「都市のレジリエンスを高める空閑地の活用事例」『Evaluation』No.50「特
　集・都市内の空閑地問題を考える」プログレス，2013 年 8 月

第3章　都市の防災構造化に向けて──東京の土地利用の問題点

　東京の防災都市づくりは，木密地域での建物の耐震・不燃化を進め，震災に対する即効性と減災効果を期待するものであり，地域の過密化や低度な土地利用を抜本的に改善するというものではありません。極論すれば，緊迫化する災害危機への応急的対策としての性格が強く，付け焼刃的な印象が否めません。

　前章では，これまでの整備の進め方では木密地域の解消は望めないとし，東京における木密地域の問題は，地域内部の課題として矮小化せずに，過密化・肥大化する都心部との関連性を考え，一体的・総合的に検討すべきとしています。

　つまり，木密地域だけを切り分けて土地利用を改善することは困難であることに加え，都心部に近接しており震災時に混乱した都心部の影響を受けやすく，この関連性を考慮した検討を要するのです。一方，都心部では，過密化によって想定外の被害が生じる恐れもあり，都市計画上の観点から回避できる打開策が必要となっています。

　このことから，木密地域の解消を図るには，東京全体を視野においた検討から解決の方向を導くという極めて難しい問題があるといえます。人口減少等による都市社会の変化をふまえつつ，高度な安全性を備えた

第4部　木造密集地域は解消できるのか

大都市の防災構造化を図る観点から望ましい都市構造や土地利用を実現すること。特に，都市インフラであるオープンスペースを充実した都市構造への転換が必要です。そのなかで，木密地域に求められる土地利用の方向性が明らかになるものと考えます。このような大都市の骨格を変えるほどの大掛かりな市街地改造は極めて困難といえますが，人口減少によって地域の土地利用が大きく変化しようとする今は，一つの契機とも考えられます。

　本章では，これまでの都市づくりビジョンの変遷から，東京の都市づくりの方向性やそのなかで描かれる木密地域の将来像を吟味し，人口減少等の社会変化が木密地域の土地利用に及ぼす影響をふまえ，都市構造改編の可能性について考察します。

　現状の木密地域における土地利用の問題点を把握する一方，都市づくりビジョンのなかで地域の将来像がどのように描かれてきたのかを考察したいと思います。

1. 時代を越えて変わらない木密地域の土地利用

　東京都内の木密地域は，環状7号線の内側にほぼドーナツ状に存在しており，都心・副都心に近い立地性の優れた位置にあります。都心部など拠点性の高いところでは高度利用が進み高層ビルが立ち並んでいますが，その裏手の木密地域では木造2階建て中心の低度な土地利用となっています。一般的には，木密地域の中ほどでは用途地域が住居系で容積率200～300％。表通り沿いでは高度利用が可能なことから主に商業・業務系で容積率300～400％となっています。

　木密地域の中ほどでは，狭あい道路や小規模敷地のため指定容積率も

十分消化できません。道路を拡幅したり，複数の敷地を統合して共同建替えを行わない限り，法的に高度利用が不可能なのです。たとえば，住居系200％で狭あい道路に面した敷地では，利用可能な容積率は一般に0.6に道路幅員を乗じたものとされ，前面道路が4mであれば160％が上限となります。しかし，建物がすし詰め状態のため，日影規制でその上限さえも使用できない場合もあります。このように，指定容積率が200％であっても，使用容積率は低いものとならざるを得ないのです。

　隣り合った敷地をまとめて共同開発すれば多少の高度利用が可能となりますが，たまたま土地所有者が同じであるとか，空閑地と一体開発する場合などに限られます。このため，木密地域の中ほどでは，広幅員の都市計画道路等が新設された沿道敷地など，特殊なケースを除き，従前と同じ規模程度の建替えしかできません。

　こうした土地利用の実態は土地価格にも反映されています。路線価（平成30年分国税庁財産評価基準）をみても，木密地域の中ほどの敷地は，表通りに対して相対的に低いものとなっています。特定整備路線のある荒川区・中野区・品川区・墨田区内の木密地域を抽出してみると，表通りと木密地域の中では，概ね1.5倍から2倍の乖離が生じています。不十分なインフラ等の整備が地価形成に影響を及ぼし，地権者の資産や固定資産税にも影響を与え，ひいては地方財政の収入減や再開発の際に地権者の生活再建を困難にする要因となっています。

　このように，木密地域は，都内において比較的優位な立地条件にあるものの，整備の困難性から潜在的に高いポテンシャルを活かし切れていないのです。土地のもつ希少性や社会的公共財としての性格を考えれば，土地を合理的・効果的に利用し，東京の都市づくりに寄与する望ましい土地利用がなされるべきでしょう。

203

第4部　木造密集地域は解消できるのか

2. 都市づくりビジョンに描かれた木密地域の展望とは

(1) 東京の都市づくりの歴史的変遷

　東京都が描いてきた都市の将来像を，都市づくりの歴史的変遷から辿ってみようと思います。

　地方公共団体の都市づくりは，もちろん国の計画との整合性をもちながら策定されます。この点で，東京都の都市づくりビジョンは，首都圏整備法による国の首都圏基本計画（2005 年（平成 17 年）より国土総合開発法による首都圏整備計画）とも整合しているといえます。

　第一次首都圏基本計画が策定されたのは 1958 年（昭和 33 年）のことです。この計画では，戦後の経済復興により人口と産業が東京に集中したことに対応する一方，政治・経済・文化の中心地に相応しい首都圏建設の必要性を謳っています。この計画で注目したいのは，イギリスの大ロンドン計画を参考にして，既成市街地（東京 23 区）の周辺（近郊地帯）を，既成市街地の無秩序な膨張発展を抑制するために緑地地帯（グリーンベルト）としていることです。グリーンベルトの発想は，これよりも古く，1924 年（大正 13 年）のわが国における都市計画および公園史上初めての大規模で具体的なマスタープランとされる，東京緑地計画の「環境緑地帯」に由来しています。イギリスに範を得たグリーンベルトの考え方は，当時，世界の先進都市の多くが自国の都市計画にとり入れたのですが，わが国では，首都圏の人口増加が想定を上回る速さで進んだことから実現できませんでした（**図 4·4**）。

　1968 年（昭和 43 年）の第二次首都圏基本計画でも，グリーンベルトの考えは引き継がれましたが，地元市町村等の反対から指定できずに消

204

第3章 都市の防災構造化に向けて——東京の土地利用の問題点

図4・4 東京緑地計画の区域

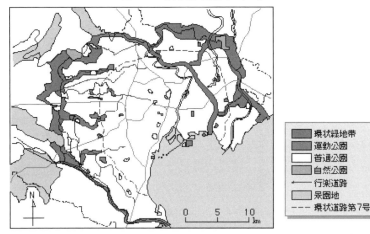

〈注〉 このときの東京緑地計画は東京府および神奈川，埼玉，千葉，山梨の各県にわたる広範な東京地方緑地計画を完成決定しており，本図は東京市附近を示す。
出典：建設白書「東京緑地計画の区域（東京市付近）」

滅したのです。

　都市の形成過程を振り返れば，東京は，戦災復興や高度経済成長を背景とした近代化・都市化の波が押し寄せ，急激な人口流入や業務機能等の集積が生じ，これによる過密化や肥大化を抑止する有効方策を欠いたまま都市が構築されてきました。また，都市が成長を続けるなかで，次々に新たな都市問題に遭遇し，その対応が後追い的であったことも否めません。これは，政治・経済・文化の中心的な役割を担い，わが国の繁栄に寄与してきた背景のもとで，居住環境や防災面よりも商業・業務等機能が重視され，経済効率性の高い都市づくりを優先させてきた現われともいえます。

　都市の成長発展やこれにともなう都市問題の発生は，そもそも都市をかたちづくる構造に起因すると考えられます。この都市構造とは，骨格となる都市基盤と都市活動の拠点から形成されています。都市基盤は，

いわゆる都市のインフラと称されるものです。これには高速道路や骨格幹線道路，新幹線，都市鉄道，空港，港湾などのほか，山地や河川などの自然地形，大規模な公園・緑地が含まれます。

　また，都市活動の拠点は，首都機能や広域的な経済機能の中心となる広域拠点や，交通結節点で高度な都市機能が集積する中核拠点からなります。この拠点では，民間開発や土地利用の転換を進め，産業・経済など多様な都市機能の集積を図るのです。

　東京の都市づくりでは，戦後一貫して，都心を起点とした一点集中型の都市構造のもとにインフラ整備が進められてきましたが，その弊害から1982年（昭和57年）に「多心型都市構造」に転換し，2000年（平成12年）以降には，首都圏を視野に入れた「環状メガロポリス構造」への移行を目指してきました。

　多心型都市構造とは，人やモノが都心に集中する都市構造を是正するために，主として業務機能を副都心や多摩の「心」へ分散し，職と住のバランスのとれた都市構造を目指したもの（図4·5）。また，環状メガロポリス構造は，国際競争力を高め首都機能を強化するため，圏央道など環状方向の広域交通基盤を整備し，東京圏全体で首都機能を担う都市構造を目指したものです（図4·6）。

　2017年（平成29年）9月，東京都は，20年後の未来の東京を創ることを目的とした「都市づくりのグランドデザイン」を策定しました。ここでは，環状メガロポリス構造を最大限活用するとともに，コンパクトで多様な特色をもつ地域構造をつくるとし，広域レベルと地域レベルの二層の都市構造を提示しています。少子高齢・人口減少社会の進行が見込まれるなか，東京圏全体の活力を高め，人・モノ・情報の交流をさらに促進する一方，既存のインフラを生かしつつ機能を集約して誰もが暮らしやすいコンパクトな市街地の再編を進めるとしています。

第3章　都市の防災構造化に向けて——東京の土地利用の問題点

図4・5　多心型都市構造

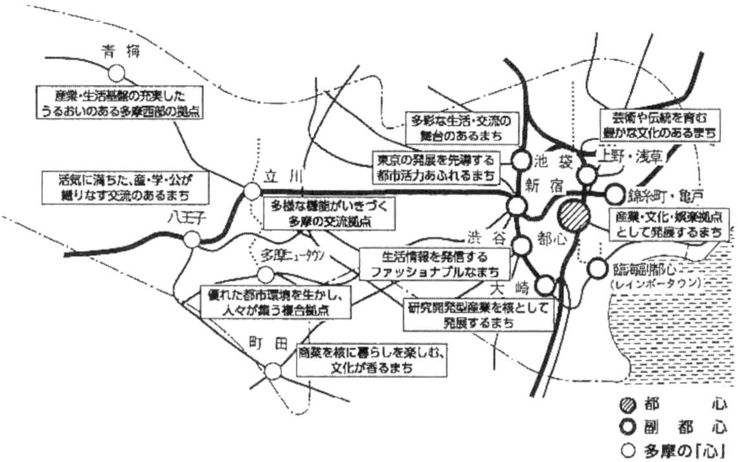

出典：東京都「都市づくりのグランドデザイン」

図4・6　環状メガロポリス構造

出典：東京都「都市づくりのグランドデザイン」

(2) 都市の過密化への対応に欠ける都市づくり

　東京都心に人やモノが集中する一点集中型の都市構造は，都市に活力をもたらす反面，住宅不足や道路等の交通渋滞などの弊害をもたらしたのです。これを是正するため，都心の中枢・業務機能等の分散や職住近接への取組みが行われました。たとえば，副都心の育成のほか，多摩地域など首都圏でのニュータウン建設や臨海部の開発，環状道路や首都高速道路，高速鉄道の整備など。また，国や首都圏レベルでは，東京への一極集中の是正に向け，さいたま新都心や筑波学園都市の建設など国の行政機関等の移転を進めたほか，首都の遷都論・分都論などの検討も行われてきたのです。

　こうした数々の施策等を講じたものの，発生する課題とその対応とが，いわばイタチごっこの需要追随型，後追い的な都市づくりに終始してきたといえます。その流れは今日でも続いており，衰えない過密状態や，解消される気配のない都市課題として顕在化しています。

　東京の人口推移から過密化の状況をみると，戦後一貫して増加傾向が続いてきたのですが，1986 年（昭和 61 年）のバブル経済期には，高地価の影響から郊外居住が進み，都心 3 区を中心に 23 区内は減少に転じています。都心部の空洞化が懸念されたことから，都心居住政策を推進し人口の都心回帰を図ったのです。その結果，バブル終焉期の 1995 年（平成 7 年）以降には，再び人口増加の道を歩み始めることになりました。

　当時の社会的背景や政策の転換については，1997 年（平成 9 年）策定の都の長期計画「生活都市東京構想」から読みとれます。この構想では，多心型都市づくりの考えを引き継ぎながら，増加基調にあった人口が緩やかな減少局面に転じたことや少子高齢化の進行が懸念され，都心居住を謳って身近な生活圏を重視したまちづくりを進めようとしたのです。

第3章 都市の防災構造化に向けて――東京の土地利用の問題点

　幸い，都心部の人口は回復したのですが，問題は今日でも都心居住推
進施策が引き続き実施されていることです。長いデフレ経済による低い
金利や地価を背景に，景気対策も加わってタワーマンションや投資用マ
ンション等の建設が盛んに行われているのです。このことが，都心部等
の過密化を助長している大きな要因といえます。ようやく，一部の区で
はマンション建設を抑制する動きが出始めていますが，これも政策転換
の遅れ，後追い的な政策の現われとみることもできます。

　さて，2000年（平成12年）には，都の長期計画のタイトルを「千客
万来の世界都市をめざして」と題し，「環状メガロポリス構造」への転
換を提示しています。世界経済のグローバル化にともない，わが国経済
の再生には首都東京が積極的にエンジンの役割を担う必要があると喧伝
されたのです。国際競争力を発揮できる魅力ある都市の再生を図るには，
従来の多心型都市構造では限界があるとし，大都市圏エリア（圏央道の
内側）にまで拡大した都市像を描きました。東京圏のセンターコアエリ
ア（中央環状線内側の範囲）は総合的・国際的なビジネスセンター機能
を担い，そこでは開発の諸制度を活用し，民間投資を含めた再開発を重
点的に進めるとしています。

　しかし，そこで懸念されるのは，環状メガロポリス構造の転換が，災
害安全性を危惧する東京の現状をさらに悪化させないかという点です。
先述のように，多心型都心構造は，一点集中型の都市構造の反省から生
まれ，都心に集中する都市機能の分散を目的としたのですが，改編後の
環状メガロポリス構造は，むしろ都心部を拡大して都心機能を強化する
方向への方針転換ともみられるからです。いわば，東京都心をセンター
コアエリアに置き換えた，一点集中型の都市構造への回帰とも考えられ
ます。

　したがって，環状メガロポリス構造への転換は，経済効率性を高めて

209

第 4 部　木造密集地域は解消できるのか

首都機能を強化し，国際的地位を向上する効果はあっても，その反面，今でさえ過密な都心部をさらに過密化し，安全性や居住性をさらに悪化させる可能性が高いと考えられるのです。

そこで，2000 年（平成 12 年）と 2015 年（平成 27 年）の過去 15 年間のセンターコアエリア内での人口や建物の過密化の進行状況を見てみます。国勢調査結果から，センターコアエリア（都内 11 区）の人口推移は，常住人口で約 27％，昼間人口で約 4％増と高まっています。また，同じ期間の都心部（センターコアエリア内の 8 区）の建物床面積は，東京都の調査結果（『東京の土地』2016）でみると，住宅・アパートが約 32％，事務所・店舗等が約 13％と増加しています。このように，センターコアエリア内では，人口等による過密化が大きく進行している実態が明らかです。

東京の都市構造にみる潜在的な欠陥は，都市の過密化がもたらす災害危険性に対する考え方とその備えが不十分なことではないでしょうか。過密化のもたらす災害危険性を重視し，これを抑制し受け止める機能をもつオープンスペースという都市インフラが存在しないことに大きな原因があり，東京が災害に脆弱な構造といわれる所以と考えます。

(3)　都市づくりビジョンが目指す木密地域とは

では，東京の木密地域は，都市づくりビジョンのなかでどのように描かれているのでしょうか。

2017 年（平成 29 年）に策定したグランドデザインでは都内を 4 つに区分しており，木密地域は，「中枢広域拠点域」と「新都市生活創造域」の間に位置しています。このエリアでは，木密地域の解消や大規模団地の更新等に併せ，緑と水に囲まれたゆとりある市街地を形成し，子供たちが伸びやかに育つことのできる快適な住環境を再生・創出するとして

います。

　都市づくりビジョンは，概ね10年ごとに見直すのが通例となっており，前回2009年（平成21年）には，木密地域を「都市環境創造ゾーン」とし，木密地域の自立的な更新や民間の積極的参加を促す仕組みなどにより，不燃化・耐震化を誘導し防災性の向上を図るとしました。さらに，その前の2001年（平成13年）には，「環境再生ゾーン」とし，木密地域の再生産を防止する不燃化の新たな方策，民間の積極的参加を促進する街区再編による計画的整備を進めるとしてきました。

　都市づくりビジョンは様々な計画立案に際しての指針となり，重要な役割をもっているのです。この都市づくりビジョンの過去20年，そして今後20年を通じた木密地域の将来像をみると，一貫して「木密地域の解消」という命題のもと，民間の積極的参加を得て不燃化・耐震化を進め，防災性の高い市街地を目指しているのです。これは，「21世紀の負の遺産」の清算とも解され，行政にとっては大変重い課題といえますが，ビジョンとして考えてみると，木密地域のマイナスイメージを無くすだけのもので，将来への展望がみられない構想に感じます。

　また，ビジョンでは民間の積極的参加を誘導するとも謳っています。この民間とは，地権者のほか，地元のまちづくり協議会，NPO，開発事業者など幅広い対象を含んだものと推測しますが，あまりにも抽象的であり，主体が誰で，その役割や関わり方が明確に伝わってきません。ましてや，知識や経験，開発能力のある開発事業者の出る幕はほとんど期待できないのが実情です。こうした状況下で，各主体がまちづくりに自発的に参加するとなれば，全体をどうコントロールするかも不明です。こうした曖昧な表現では地域整備の進捗に期待がもてないばかりか，単なるお題目に過ぎないものと受け取られかねません。このように，木密地域の将来像は，防災以外には，目標とする姿に具体性がなく，道筋が

第4部　木造密集地域は解消できるのか

見えないのです。

　こうして描かれた将来ビジョンのもとでは，木密地域の改善には限界
があるように思います。将来ビジョンは，地域の特性やポテンシャルを
引き出すような新たな発想が必要といえます。従来のような木密地域だ
けを捉えた近視眼的な見方ではなく，東京を俯瞰して都市構造的な側面
を含めた見直しが欠かせないものと考えます。長期的な視点から具体に
木密地域のあり様を示すものでありたいと思うのです。

3.　社会状況の変化と土地利用の動向

(1)　木密地域における空き家等の発生

　空き家・空閑地（空き地）の発生に関しては，すでに大きな社会問題
としてとりあげられていますが，今後の人口減少・少子高齢社会の進展
が，さらに拍車をかけるものと予測されています。そこで，木密地域に
おける空き家等の状況を考察してみたいと思います。

　2016年（平成28年）の東京都防災都市づくり推進計画では，1995年（平
成7年）〜 2010年（平成22年）の間の木密地域における高齢化率と人
口密度の動態調査の結果を示しています。これによると，高齢化率は，
一般市街地では17%から20%程度に上昇したのに対し，墨田区京島地
区では21%から31%，葛飾区四つ木3丁目地区では20%から29%程度
へと急上昇しています。このことから，木密地域では高齢化率が高いこ
とに加え，高齢化のスピードが速まっていると考えられます。また，人
口密度については，一般市街地では130人/haから150人/ha程度へ
と上昇したのに対し，墨田区京島地区では280人/haから240人/haへ，

212

第3章　都市の防災構造化に向けて——東京の土地利用の問題点

図4·7　人口密度と高齢者人口率の状況

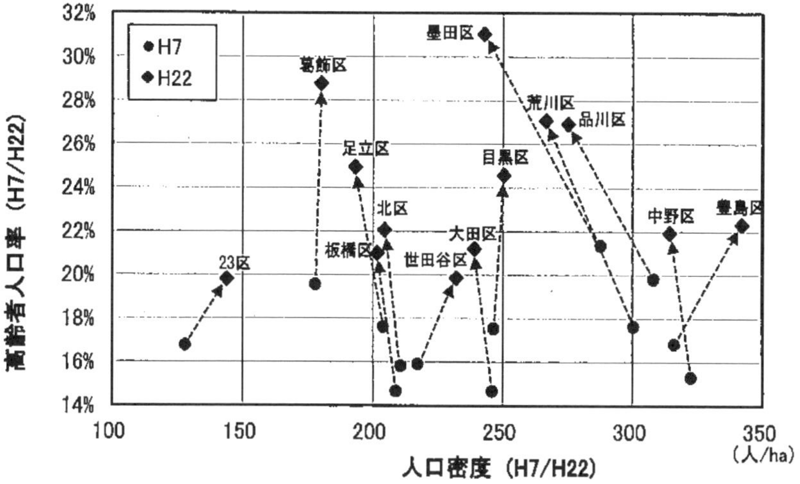

高齢者人口率（H7/H22）

人口密度（H7/H22）
（人/ha）

※グラフ中の区名は
　以下の町丁目を指す。

大田区	大森中3丁目
品川区	豊町5丁目
目黒区	目黒本町6丁目
世田谷区	太子堂2丁目
中野区	南台2丁目
豊島区	東池袋5丁目
板橋区	大谷口2丁目
北区	上十条3丁目
荒川区	荒川6丁目
足立区	関原3丁目
墨田区	京島2丁目
葛飾区	東四つ木3丁目

資料：各年国勢調査

出典：「東京都防災都市づくり推進計画」（2016年）

品川区豊町5丁目地区では310人/ha から 270人/ha へと減少してい
ます。この結果，多くの木密地域では人口密度が低下しているのがわか
ります（図4·7）。
　一方，瀬下（2013）は，高齢化率と空閑地の割合の相関に係る調査結
果から，一般に高齢化率の高い地域ほど空閑地の割合が高い傾向がみら

213

第4部　木造密集地域は解消できるのか

れるとしています。一般市街地に比べて高齢者割合の比較的高い木密地域では、空き家や空閑地は増大しており、今後、ますます顕著なかたちで現れるといえるでしょう（第3部の**図3・4、3・5**を参照）。

　では、空き家等が増えるなかで、どのようなことに留意すべきなのでしょうか。

　空き家等では、まず、持ち主が誰で、どこに住んでいるのか、どこが土地の境界で、どこまでが土地の範囲なのかなど、基本的な問題として地籍を明らかにすることが重要と考えられます。空き家等の所有者に建物の除却を促す場合のほか、借り受けたり、買い取ったり、不法占拠や違法な売買・賃貸行為を防ぐためにも障害となるからです。

　昨今では、高齢者の増大にともない相続発生の機会も増えるとされ、その背景のもとで所有者不明の土地の取扱いが問題となっています。木密地域では、概して借地や借家の建物が多いうえ、権利関係も複雑な土地柄です。したがって、空き家等の増大にともない、所在のわからない土地・建物が手つかずのまま放置され、地域が次第にスラム化するかもしれません。また、急遽災害が発生した場合を想定すれば、地籍等が曖昧なために復興が進まない事態も考えられます。東日本大震災時のように、事業の遅延から迅速な生活再建の足かせとなることは容易に想像できるのです。平常時と有事を問わず、一般市街地以上に早急な対応が必要と考えます。

(2)　空き家等の発生が木密地域に与える影響

　防災という観点でみたとき、空閑地や空き家は木密地域にどのような影響を与えるのでしょうか。

　空閑地や空き家は住宅地等のなかでスポンジ状に生まれ、空閑地等によって家並み・街並みが途切れて景観を損なったり、コミュニティ豊か

な人の触れ合いや商店街の賑わいを薄れさせる要因となります。一般的にはマイナスイメージをもちますが，防災面では，むしろプラス要素も考えられるのです。空閑地の存在は，隣棟間隔を広げ，延焼火災を妨げる効果があります。不燃領域率が建物の不燃化率と空地率で求められるため，空閑地が増えて地区内の空地率が上昇すれば，不燃領域率を高めることになるからです。

　一方，木造建物の空き家は，これが活用される場合を除けば，不審者の隠れ場や放火などを生じる原因となり，防犯・防災両面で明らかにマイナス要素といえます。特に，空き家が適切に管理されているかが問題です。老朽木造家屋が放置され崩壊寸前のものは，いわゆる空き家法や関係条例の制定によって行政が直接除却する道も開かれました。しかし，問題なのは，それほどの危険性はないものの管理不全状態にある建物です。木密地域の火災危険度の高いことを考えれば，手をつけられずに放置された建物を速やかに除却・更地化できる有効な方策が求められます。

　周辺環境から害となっている空き家が，除却されて空閑地となった際には，その土地が適切に管理され，公的な空間として有効活用されることが望まれます。木密地域は，交通至便な場所にあり，地方都市と違って土地需要はさほど低いものではなく，空閑地のまま放置されることも少ないと思われます。民間が取得し同じような建物が建築されれば，空地としての防災効果が消失するとともに，過密化状態は旧態依然として土地利用の改編にも繋がらないからです。このことから，公共目的で公的機関が率先して先買いする必要があるのです。空閑地の増大は，地域の防災安全性に寄与するばかりか，将来のオープンスペースやまとまった住宅開発用地の種地として活用でき，地域の再生に繋がるといえるでしょう。

第4部　木造密集地域は解消できるのか

⑶　人口減少社会に対応した都市のコンパクト化の動き

　人口減少・少子高齢社会がもたらす住環境の変化は地方都市に限ったものではありません。東京でも，高齢者施設の不足や小・中学校の統廃合などのかたちで顕在化しています。今後，高齢化の急速な進展や，人口・世帯数の減少が予測され，身の周りでは家が歯抜けとなり，跡地が駐車場に変わるなど生活環境の変化が顕著に表れ，地域の衰退化を実感することになるかもしれません。こうした社会状況の変化は空閑地や空き家を生じる要因となります。空き家等が新たな居住者によって活用されなければ，居住の場はバラバラに分散するとともに，公共公益施設は統合・集約化され地域から撤退し，生活関連の民間施設も消失して次第に生活環境が悪化するのです。

　国が先導する都市のコンパクト化とは，こうした地域社会の変化を予測し，拠点駅から徒歩圏内に住宅や居住生活に必要な機能を集約すること。これまで蓄積してきたインフラを生かし，効率的な土地利用によって快適な居住の実現と行政コストの縮減を目指すものとされています。

　都市のコンパクト化の方向性は，都市計画マスタープランを補完する立地適正化計画で示されます。この計画では，将来の居住継続に相応しい場所となる居住誘導区域を定めるとしています。それは，拠点駅から徒歩圏内とし，そこには住宅や生活関連施設を集約するとの考えです。拠点の大きさによって圏域も異なるとは思いますが，徒歩圏内ということであれば，居住地から駅まで歩いて30分程度，2～3kmのところに位置していることが理想と考えられます。

　そこで，東京の木密地域を居住誘導区域等に照らして考えてみると，たとえば，木密地域の一つである東池袋4・5丁目地区は，池袋駅から約1km，大塚駅から約0.5kmに位置しています。この例に限らず，東

216

京の木密地域は，一般的に都心部に近く交通利便性の高いところにあるのが特色です。また，JR 山手線と環状 7 号線の間の，都心から約 10 km，センターコアエリア（首都高中央環状線の内側）にほぼ接するところにあります。つまり，都心外周部にあり，拠点駅から徒歩圏内に位置するケースも少なくないのです。こう考えると，前章で述べた都心部に近接したオープンスペース創出に適した位置にあり，将来の居住地として最適な場所であるともいえるのです。

都市づくりのグランドデザインでは，環状メガロポリス構造を形成する一方，各地域では社会変化に適応しつつ，人々が暮らしやすいコンパクトな市街地を形成するとの方向性を示しています。

都市のコンパクト化は都市の縮退化ともいわれ，とかくネガティブな印象に捉えられがちですが，都市のコンパクト化と空閑地とを結びつけて考えれば，過密化した東京を是正する大きな糸口となる可能性があるといえます。それはグランドデザインに沿った考えでもあるのです。

4. 望ましい都市像や土地利用を実現するには

将来の目指すべき都市像では，都市の人口動態，民間の建築活動の動きや公共施設整備の状況をふまえ，住宅・商業・業務など必要な都市機能や公共施設を計画的に配置します。それを実現するため，所要の都市計画を定め，公共の利益を得るために私的土地利用をコントロールするのです。しかし，公共の利益（公益）のもとで私権が制限されるはずが，現実には，わが国では個人の所有権があまりにも強すぎて，必ずしも公益が容認されるという土壌にはないのです。

いうまでもなく，国土は国民共通の財産であり重要な社会的資本とい

えます。この意味で，土地には私的所有が認められていますが，その使用は社会公共性の見地から一定の制約があるのは当然です。しかし，実態は，いつの場面でも公共が優先されるとは限らないのです。それは，西欧諸国と異なり，憲法の上で所有権に義務がないからといわれます。公益が遵守されるような社会的規範性や法的対応が求められているといえます。これには公益の解釈が曖昧なことにも問題があります。公益の解釈は，厳しすぎても緩すぎても問題です。世論の支持が得られる公益の考えを整理し，明確にする必要もあるでしょう。

　こうした背景にあることが，都市づくりの場面にも影響し正常な行政運営を歪めているように思うのです。行政が，本来，望ましい都市像であると考えても，住民の理解を得ることがはなから困難と判断すれば，混乱を避けるためにそれを提示するのを躊躇します。また，都市像の表現も，誰の目からみても当たり障りのない文言となり，逆に抽象的でわかり難いという結果を招いていると考えられます。都民全体の利益を考えた望ましい都市像や土地利用を，住民にわかりやすく伝え，毅然と提示できる環境整備が必要といえます。

　憲法等をそう簡単に変えられるものでもなく，とはいえ将来に禍根を残す土地利用であって良いはずもありません。現状では，少なくとも計画が住民に賛同され実現できるような，新たな法制度の制定や整備手法，事業の仕組みを考えることが肝要といえるでしょう。

〈参考文献〉

東京都「東京の新しい都市づくりビジョン〜都市再生への確かな道筋〜」 2001年
　10月

東京都「東京の都市づくりビジョン（改定）〜魅力とにぎわいを備えた環境先進都

市の創造～」 2009年7月

東京都「都市づくりのグランドデザイン～東京の未来を創ろう～」 2017年9月

国土交通省「都心居住の推進～良好な居住環境の形成～」 2005年3月

吉田　樹「東京を中心とした都市構造と交通計画との関係」『地学雑誌』2012年6月

瀬下博之「空閑地と都市財政」『Evaluation』No.50「特集・都市内の空閑地問題を
　考える」プログレス，2013年8月

第５部　木造密集地域の
将来ビジョン

第5部　木造密集地域の将来ビジョン

1. 将来ビジョンを考えるにあたって

　東京都の都市づくりビジョンにおける木密地域の将来像は，従来から一貫して「木密地域の解消」を目標としてきましたが，それは木密地域のマイナスイメージを失くすというだけのものに過ぎません。戦後以降，引きずってきた東京の大きな都市問題であるのは事実ですが，将来像であれば，木密地域の解消後の，地域の特性や利点を生かした夢を語れる地域像であってほしいものです。

　ところで，この「木密地域の解消」という言葉には，二つの意味があるように思います。一つは，防災上の観点から，完璧に整備し安全性を盤石なものとする意味。この点から現状をみると，整備には息の長い取組みが必要なうえ，建替え等が困難な問題個所は手つかずで，新陳代謝が進まないまま時間だけが経過しています。現在の事業施策や進め方では，たとえ減災効果は高まっても整備上の限界があるように思います。他方，狭小過密な地域の土地利用を改善する意味では，現状では建替えが進んでも従前と同程度の建物が更新されるだけで，敷地利用等に大きな変化は生まれません。そればかりか，建替えが進むにつれて土地利用はますます固定化し，地域の抜本的改善を困難にしているのです。

　このように，いずれの意味からも，従来の整備方法では木密地域は一向に解消しないといえそうです。木密地域を解消するためには，地域内という限られた空間領域の問題として処理するのではなく，都心部の過密化の影響を含めた東京全体の問題として考える必要があるといえます。そのうえで，震災時の安全性を確保するには，災害に対する脆弱性の根本的な要因でもある不足する緑地・オープンスペースを都市インフラとして整備することが不可欠といえます。そして，その都市構造に改

編するためには，これを創出できる土地利用を誘導することが必要なのです。

　この観点から木密地域をみたとき，都心部に近接して緑地・オープンスペースを確保する場合のほか，将来の居住地としても最適な位置にあります。人口減少等の社会変化にともなう空閑地の増加や都市のコンパクト化の動きを有機的に結びつけて考えれば，緑地・オープンスペースに接した暮らしやすいコンパクトな市街地の形成と，過密化に瀕した東京を是正する大きな糸口になる可能性があるといえるでしょう。

　次に，木密地域の特性や利点を生かした将来像とはどのようなものかという点です。筆者は，木密地域整備の進まない理由のなかに，このヒントが隠されているように思います。

　整備の進まない主な原因は三つ考えられ，その一つは，木密地域では権利者数が多く権利関係も輻輳しているなど，整備にあたり合意形成に困難がともなうなどの事情があること。二つは，まちづくりとはそこで暮らす人々が主体となり，行政がこの活動を支援するとの考えから，住民の理解のもとに時間をかけてまちづくりが行われていること。これらは一般的によく耳にしますが，これ以外の三つ目の理由としては，まちづくりを能動的にとらえる方向に反して，地域住民が大きな環境変化を望まないからと考えられます。これらの要因が複雑に関係し，行政の様々な働きかけがあっても整備促進に結びつかないといえます。

　特に，住民が環境変化を望まないことに将来像を探るポイントがあると思うのです。住民がそう思うのは，木密地域が都心部にも近く利便性に富んでいるからというより，住民にとってはそこに暮らしやすさがあるからといえます。それは，第3部で述べたように，木造住宅と路地で構成される街並みのつくりが，個人の心理的な安心感やコミュニティを育み，個人や地域のアイデンティティを生み出していること。また，生

第5部　木造密集地域の将来ビジョン

活の身近に，古くから活気があり，気軽に行って親しみのある商店街があること，さらには家賃が安いことが，若年層や生活苦にある人々の層に受け入れられてきたからと考えられます。

単に長い間住み慣れているだけではなく，子供からお年寄りまで各層の人々が混在し雑然としたなかで，個人と地域が一体となって一つのコミュニティを形成しているのが魅力といえるでしょう。住む人の安心感，親しみやすさ，様々な年齢層からなる地域社会は木密地域の魅力でもあり，いわば「木密地域のレガシー」ともいえるものです。今日では，空き家の増大にともない低家賃を求める外国人居住者も多いうえ，衰退化も進み，地域の姿は昔と大きく変わってしまったとの声も聞かれます。しかし，地域本来の個性として備わってきた魅力は，地域の将来像として，空間形成等の考えのなかに具体的に生かすことが望まれます。

しかし，これまでの整備では，土地利用が旧態依然として変わらないばかりか，いわば地形をそのままにして石膏を流し込んだように，まちの姿を次第に固めてしまうことになります。地域の姿を変えることをますます困難としているのです。しかも，人口減少等の変化は都市そのものを大きく変えつつありますが，木密地域にも大きな影を落としており，地域の衰退化が進行するなかで，これまで育まれてきた地域の魅力さえ失いつつあるのです。

今後の社会は，いわば時代の大きな転換期でもあります。様々な点から悲観的にとらえがちですが，見方を変えれば，過密化する東京を災害に強い都市に変貌させる一つの好機とも考えられるのです。社会の動きを見据えて，安全な大都市という視点から東京の都市構造や土地利用を見直すなかで，木密地域の有効な土地利用と木密地域のレガシーを適切に反映した再構築の姿こそ，木密地域の望ましい将来像と考えます。

2. 災害安全性の高い都市構造を目指して

　木密地域の防災対策という直面する課題への対応は，地域を修復するものであって，あくまで，その場しのぎの対処療法に過ぎないといえるでしょう。木密地域を含め大震災による不測の事態に備えた安全性の高い都市とするには，長期的な視点に立って，東京の都市構造や土地利用面からの見直し修正を図ることが必要と考えます。

⑴　都市のレジリエンスの向上

　都市づくりビジョンにおいては，東京が，国際的な地位を高め，国内経済の持続的成長を遂げる要であることを重視するあまり，過密都市が遭遇する災害危険性という視点が欠落しているようです。

　地方都市が衰退する一方，東京は絶え間ない活発な都市再生の動きのなかで，人口の社会増によって過密化が進行しています。このことは，いかなる都市も経験したことのない災害危機が一段と高まっていることでもあります。

　環状メガロポリス構造の目的のもとで，その利点を活かしつつ安全性を高めるには，不特定多数の人が一時的に滞留できる大規模なオープンスペースを，センターコアエリア外周部に確保することが有効だといえます。平常時には，これを都民の癒し・健康・レクリエーションの場となる公園・緑地空間，一部で都市内農空間として活用することもできます。災害時の安全性など都市のレジリエンスを向上するだけでなく，地球環境ほか景観的にも優れた緑地帯を創出することは，大都市の品格を高め，国際的地位の向上にもつながるでしょう。東京全体を俯瞰したとき，センターコアエリア外側に近接した木密ベルト地帯が，これを実現

225

第5部　木造密集地域の将来ビジョン

できる最適な位置にあると考えます。

　また，木密地域は，別の視点でみれば，戦後の都市化において多くの人たちに職住近接した利便性の高い地域として好まれ，定住化の進んできた所でもあります。都市づくりデザインで目指すコンパクトな都市では，生活拠点駅から徒歩圏内に居住地を誘導するとしていますが，この居住誘導地域に相応しい最適な立地条件を備えた場所といえるのです。この潜在的なポテンシャルを生かした木密地域の土地利用の方向性は，大規模なオープンスペースの場や土地を若干高度利用した優良住宅地とすることが望ましいと考えます。

　一方，都市のコンパクト化を進めることになれば，市街地を集約化する居住誘導区域内では過密化が進み，区域外では空閑地が広く生じることとなります。これは，理論的合理性のある考えですが，わが国の住宅に対する価値観などの国民性や強い土地所有権等に照らして，現実的に制度として定着するかは疑問が残りますが，都内の人口減少が予測どおり推移するとなれば，都市のコンパクト化にかかわらず，否応なく空閑地は増大することになります。

　散在する空閑地を公的利用目的で取得し，これを集約して地域外周に配置すれば，必然的に都市のコンパクト化を導くことになります。木密地域を，土地の高度利用によって新たな住宅地として再編整備する一方，公的オープンスペースとして活用するならば，結果として筆者の提案と同じ方向を示すことになります。逆に言えば，木密地域でコンパクト化を進めることは，結果として筆者の描くものとほぼ同じ将来像に至るのです。もちろん，都市づくりに対する考え方，都市計画や整備手法に違いはあるとは思います（図5・1）。

　したがって，社会状況の変化によって生まれる空閑地は，今後の都市づくりにうまく活用すれば，都市の安全性・快適性に寄与し，都市の姿

図5・1　オープンスペース創出のイメージ図

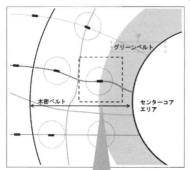

【拡大図】上図の点線内

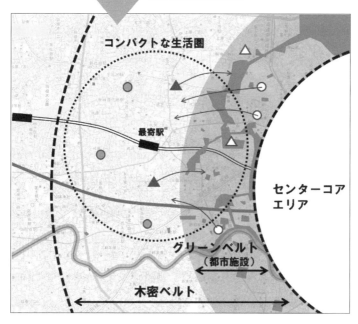

< 凡 例 >

●	生活圏内居住 ⇒ 生活圏内で再構築
○	グリーンベルト内居住 ⇒ 生活圏に移転して再構築
△	グリーンベルト内の空閑地
▲	生活圏内の空閑地 ⇒ グリーンベルトへ付け替え

第5部　木造密集地域の将来ビジョン

を大きく変貌させる可能性を秘めているといえるのです。

　浅見（2014）は，「低度建物利用とは通常は低密度な利用形態であり，高度建物利用と空閑地の組み合わせで達成される密度とあまり変わらない可能性がある。このことは，空閑地を周辺の土地利用と連携させることで，やや低密度な最適な土地利用形態の代替となる可能性を示唆している」と述べています。木密地域では広い範囲にわたり低層高密度の空間が形成されています。土地利用を再編して低中層建物と空閑地の組み合わせで現状密度と変わらない状態をつくれるのです。

　また，横張（2018）は，「不必要に拡大した市街地をコンパクトに縮めることは，時代的な必然といえる。しかし，コンパクト政策の問題は，居住誘導区域からはずれた，居住調整地域について，跡地のあり方にかかわる明確なビジョンがないこと。撤退しつつも「都市」を形成するという視点のもと，より積極的なビジョンを提示する必要がある」と指摘しています。つまり，都市インフラともなるオープンスペースは，市街地の集約化を通じて偶然生まれた単なる空閑地ではなく，コンパクト化を先読みして都市づくりの中に位置づけることが重要と考えます。

(2)　長期的土地利用の方向性に整合した防災都市づくり

　木密地域の整備は，緊迫化する大規模な地震に備えるべきことは当然のこととしても，一方で，長期的な土地利用の方向性を睨みながら，その方向に沿って当面の整備を進める必要があります。木密地域における現状の土地利用を是認した進め方は，長期的な土地利用の方向とますます乖離する方向にあるとさえいえるのです。

　つまり，建物の耐震・不燃化に力を注ぐことよりも，基本的には建物の除却を促進して地区内の建物密度を薄めてオープンスペース（空閑地）をできるだけ増やすことに重きを置くことが，高い減災効果を発揮する

とともに，長期的な方針をふまえた整備の方向といえます。すでに空閑地であるものを保全するとともに，道路付けから建替え困難なものや適切な管理状態にない空き家の除却，地区外に転出を希望する人の土地・建物を積極的に取得し，それぞれ公的関与のもとで管理することが重要となります。この場合，空閑地は避難場所等の必要面積も考慮して確保することが肝要です。また，その維持管理は地域住民やNPOを通じて住環境に寄与するよう，暫定的に多目的利用することが望ましいと考えます。この土地等の取得について，その主体，規模，価格，手法，土地の管理主体などの検討が必要といえます。空閑地の取得や管理に要するコストは膨大に及ぶため，従来の発想のように，行政が直接費用を投資することは困難な状況です。行政コストの縮減を図るため，民間のインセンティブと絡めた新たな発想の制度設計を考えることが大切です。同時に，地権者や借家人が生活再建を図れるような補償と多様な選択肢を用意することも考えなければなりません。こうした発想が可能なのは，東京ならではの旺盛な民間活力を活用できる素地があるからです。

3. 将来ビジョンを実現するために

　その将来像は，人口減少・少子高齢社会による土地利用の動向をふまえ，東京の防災安全性を確固たるものにする必要があります。その意味で，新たな社会に適応するための都市のコンパクト化の動きは，今日の脆弱な都市構造を是正する大きな転機になると考えます。

　さて，こうした将来の方向性にあわせて，今後の都市づくりを進めるうえで特に重要と思われるいくつかの視点を述べたいと思います。

第5部　木造密集地域の将来ビジョン

(1)　公益の確保に向けて

　先述した緊急時における輸送道路・避難道路は，災害時の命綱ともいえます。木密地域の消火に駆けつける消防車のみならず，不特定多数の人の安全という「公益」を守るため，対象建物の耐震診断・耐震改修が的確に行われなければなりません。しかし，現実には，耐震診断にさえ着手しない場合や，耐震診断は行っても改修までには至らないケースがあるのも事実です。

　一方，震災時の帰宅困難者の抑制を図るため，企業等の事業者に対しては従業者等の一斉帰宅の抑制や水・食料の3日分の備蓄を要請しています。これを事業者への努力義務としていますが，条例への認知度が低く，要請事項に対応不足の事業者が多いのが実情です。社員やその家族等の身の安全を確保するだけでなく，帰宅困難者が溢れて災害時の混乱や人的な二次災害を防止する意味でも，事前の備えは不可欠といえます。これも，公益を確保する点で重要となります。

　また，人に危害を及ぼすほどの危険な空き家は法令の整備によって除却されるようになったのですが，この場合でも，敷地内の工作物撤去や樹木伐採は除却対象外です。危険性はないものの管理不全状態にある空き家も，同様に対象外とされています。これらは，明らかに周辺環境には害となり公益を損なうものですが，現実には行政の力が及ばないのです。

　これらは，木密地域の災害時の安全性を確保する点で，直接または間接的に関連する問題です。条例等の規制の緩み，規制対象の抜け穴が，大きな災害に発展することにもなりかねません。条例等を遵守しない者には，厳しい罰則を課して対処することも必要と考えます。

　公益の重さや守ることの大切さを考えれば，行政対応の手ぬるさを感

じますが，なぜ強制的な措置をとれないのでしょうか。先述の土地利用
に関しても述べたところですが，それは，公益の概念そのものに曖昧さ
があるほか，公益遵守を義務として私的所有権を制約できないこと，条
例の制定やこの規制措置には法律と異なり限界があるためと考えます。
公益に関する問題は，法律の原点たる憲法にまで至るかもしれませんが，
今日のように社会的規範が薄れ，私権が過保護状態の時代では，こうし
た点に真正面から対応しなければ本質的な問題解決にならないといえる
でしょう。

(2) 復興段階では困難となる都市の再構築

　木密地域に広いオープンスペースを設けるとの発想は荒唐無稽であ
り，それは震災復興の段階で検討することだと考えられがちです。しか
し，混乱した復興段階での対応が可能でしょうか。阪神・淡路大震災を
受け，神戸市は復興後に理想的な都市を実現しようと努めたのですが，
被災現場では建物の再建に逸る地権者に手をつけられず，復興の思いを
断念せざるを得なかったとされます。

　我々は幾多の大震災を通じて，復興事業が生活再建をはじめ様々な点
で時間との勝負であること，新たなまちづくり計画の策定には住民の合
意形成に多大な時間を要することを承知しているはずですが，そうした
教訓が十分生かされていないのが実情といえます。

　1923 年（大正 12 年）の関東大震災の復興事業では，東京市長を経て
内務大臣に就任していた後藤新平が，震災の翌日には即刻「東京復興 4
方針」を提示し，その 4 日後の閣議では帝都復興院や帝都復興調査会の
設置等を決定しています。彼は，その後も強いリーダーシップを発揮し
多くの道路事業等に力を注ぎました。それでも，後藤新平が当初描いた
復興事業は，財政状況等の影響から大きく縮小せざるを得なかったとい

第5部　木造密集地域の将来ビジョン

われます。しかし，彼の偉業の数々は，現在の東京の都市づくりの礎と
して残されています。震災復興が画期的に成し遂げられたのは，彼のよ
うなカリスマ的な人物が存在したからにほかなりません。

　社会的背景もさることながら高度に発達した現在の東京は，当時と状
況が大きく異なります。震災の混乱時に，新たな発想のもとに復興を進
めるのは至難の業といえるでしょう。

⑶　震災復興グランドデザインが新たな防災都市の礎となるか

　過去のこうした教訓をふまえ，東京都は，阪神・淡路大震災後の
1997年（平成9年）と翌年の2年をかけて「都市復興マニュアル」と「生
活復興マニュアル」を策定し，都市復興を迅速かつ円滑に推進するため
の行政の行動手順や計画立案の指針，都民生活の再建と安定を速やかに
図るための行政の行動指針等を定めています。

　また，2001年（平成13年）には，行政が都民と震災復興時の都市づ
くりのあり方を予め共有しておく必要から，復興の目標や復興都市像を
示した「震災復興グランドデザイン」を策定しています。この震災復興
グランドデザインは，迅速で計画的な復興都市づくりを目指すもので，
平常時の都市づくりビジョンや防災都市づくり推進計画等と策定の目的
は異なりますが，都市づくりの目指す目標は同じで，相互に密接に関連
しているとしています。

　関東大震災や戦災復興，さらに阪神・淡路大震災時や東日本大震災，
熊本地震など過去に生じた復興状況の困難さを考えれば，平常時から震
災に備えた東京都の対応は評価できるところです。

　しかし，震災復興グランドデザインによれば，復興後の計画は，平常
時の都市づくりビジョンと同じとしています。この発想では，先述のと
おり，東京ではますます過密化が進んで防災面からの安全性が危惧され

232

るなか，復興後においてもそれが解消されないということになります。

　被害が想定される木密地域では，復興段階で，土地利用が抜本的に改善されることもなく，土地区画整理など各種事業のオンパレードに帰するのではないかと危惧されます。また，零細地権者が多く権利関係も輻輳しているため，地籍調査や権利関係の確定にとまどい復興事業が停滞することのほか，解体費用や生活再建等には莫大な予算確保を必要とするかもしれません。

　いざ復興時に新たな都市づくりに着手しようとしても困難です。今の段階で，木密地域の地籍調査等を徹底するとともに，現在の都市づくりビジョンを都市のコンパクト化の動きなどの変化をふまえて，防災上安全な都市構造の是正に取り組む必要があるといえないでしょうか。

(4)　木密地域の抜本的整備には

　木密地域の現状をみると，地域整備が滞って密集した低度な土地利用となっています。今後とも合理的な高度利用が行われ，地域が大きく変貌するとも思えません。だからといって，先述のように，木密地域の土地利用を描いたところで空理空論との向きも多いでしょう。地域に変化が生まれないのは，現行の開発手法や制度内容に整備上の限界があるほか，地域に住む人たちが極端な開発を望まないことや，行政も住民との軋轢を恐れ大胆な整備にふみ込めないことがその理由と考えます。

　これは，望ましい土地利用を実現することと，安定した住民の生活継続を図ることを混同しているのです。本来，別次元の問題と考えるべきです。都市の安全性等から公益に資するのであれば，そうした土地利用の実現に果敢に挑むのは行政の責務です。また，住民の意向をくみとり，生活再建を図ることは，行政が全力で知恵を出し，地域の整備手法や制度のなかで工夫すべきものです。

233

第5部　木造密集地域の将来ビジョン

　特に，厳しい行財政環境のもとでは，財政や管理面からできるだけ行政負担を伴わない手法，居住する零細地権者や地区外から新たに住宅を求める人が適切な価格で入手可能な住宅，単純にコスト重視の高層ビル計画ではなく地域の歴史・文化の匂いを感じることのできる低中層主体の住宅・街並み計画とすることを重視することが肝要といえます。

　木密地域整備の困難性を考えれば，この夢のような話は，従来の固定観念にもとづく発想からは生まれてきません。抜本的な打開策でない限りは，実現も困難といえるでしょう。

　これまで，木密地域の整備は，第一義的には防災性の向上を目指してきたために，公共主導的な考え方がとられてきました。しかし，広大に存在する木密地域や，今後の低成長・超高齢社会を展望すれば，民間の自立的な活動を適切かつ積極的に呼び込み，公民連携のもとに進める方向に変えていくことが求められます。都心部等の突出した開発によって，東京がますます歪な都市となっている現状からも，都心部における旺盛な民間開発エネルギーを木密地域の整備に振り向け，両者を一体的かつ同時に進めていく方向が必要といえます。それには，都市全体を視野に入れた都市政策の見地から，地域間連携を重視して取り組む方向に転換していくことです。たとえば，木密地域のもつ潜在的な資産，つまり容積率という資産を活かして，都心部などと遠隔地との容積率移転を許すのも一つの考えといえます。大規模なオープンスペースを創出するには，膨大な額に上る空閑地取得費を要することなどを考えれば，現行法制度の改革とともに，東京のもつダイナミズムを木密地域整備に活かすことによってはじめて可能になるものと考えます（図5・2）。

⑸　木密地域の魅力としてのレガシーを都市の再構築に活かす

　木密地域の空閑地は，敷地整序によって統合して，まとまった緑地・

図5・2　容積移転を活用した木密地域の整備
・開発事業に伴う容積割増分を，木密地域の空閑地の取得・緑地の整備費に充てる
・木密敷地の容積率（または未利用容積率）相当を，開発事業地にトレード（容積移転）

(1) 施策のイメージ

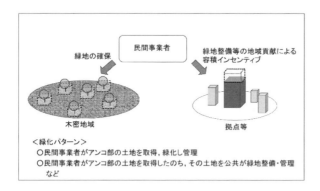

(2) 容積移転の類型

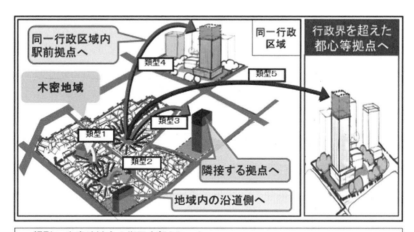

出典：『東京モデル―密集市街地のリ・デザイン』清文社，2009年

235

第5部　木造密集地域の将来ビジョン

オープンスペースとして創出します。一方，その内側の木密地域は，拠点駅近くの既存市街地とともに再構築し，都市のコンパクトを図ることが求められます。

　木密地域は，住宅地域のみならず商業地域に形成されている場合もあります。商業地域では，賑わいのある商店街の裏側に高層住宅を建築する場合もあれば，住宅地域では，低中層建物を主体に，防災に配慮した生活道路と人の心理的な安心感やコミュニティが育まれるような路地をネットワークした空間構成とするなどの工夫が必要です。単に，事業者のコスト感覚から効率的な高層建物を並立させるのではなく，地域特性や景観形成にも配慮し，木密地域の魅力であるレガシーを空間形成にどう生かすかということが大切です。その際に，建物や道路などの空間と人，空間を通して生まれる人と人との関係について，第3部第1章で磯氏が述べている心理的側面に配慮することが重要と考えられます。

　また，再構築では，耐震性を備えた健全な建物は極力活用する柔軟な発想も大切でしょう。葛西氏が第3部第3章で事例としてとりあげた「シングルマザー向けシェアハウス」の問題は，空き家の借家活用のあり方，生活を支える上での隠れた福祉ニーズと地域での若年層のとり込みなど，今後のまちづくりに大きな示唆を与えています。少子高齢時代のまちづくりには，特に，居住を支える医療や福祉，保育や教育などソフト面との連携が必要といえるでしょう。

　さらに，楠亀氏が第3部第2章で述べるように，木密地域で居住する者にとって身近な商店街も大きな存在といえます。高齢化等により今日では衰退化傾向がみられるものの，かつては地域の中心的な存在として活況を呈していたのです。地域の人たちと一体になって祭りやイベント，防災・防犯活動などのまちづくりを進めたり，商店主と買い物客，あるいは住民同士が気軽に触れ合える場となるなどコミュニティ形成に大き

な役割を担ってきたといえます。こうした商店街のもつソフト的機能は，新たなまちづくりのなかでも生かされるべきでしょう。行政は，ハード・ソフトの両面からこの下地づくりを支援することが重要といえます。

(6) 地方都市における木密地域のこれから

本書では，東京の木密地域を中心に話を進めてきましたが，木密地域は，東京や大阪といった大都市だけに広がっているわけではありません。木密地域の約 1/3 は，東京や大阪以外の地方都市にも広がっています。

古くは 1976 年（昭和 51 年）に山形県酒田市で発生した大火から，最近では 2016 年（平成 28 年）に新潟県糸魚川市で発生した大規模火災に代表されるように，地方都市においても木密地域の防災対策は課題といえます。ただ，東京や大阪と地方都市の木密地域では，市街地の歴史的な形成過程や立地ポテンシャルが大きく異なることから，その対応へのアプローチもおのずと異なります。

地方の木密地域の多くは，歴史や文化をもった中心市街地にあります。近年では中心市街地の空洞化にともない，老朽化した空き家や空き地が放置されている状態を目にします。こうした市街地では，都市のコンパクト化や中心市街地の活性化の議論と併せて，再生の方向を見極め，空き家・空き地対策を図っていく必要があります。

また，長崎市や北九州市など斜面地を抱える地域では，市街地として有効な土地が限られていたため，斜面地に家屋が密集することになったのです。こうした地域では，斜面地特有の問題として，地形的な高低差から接路不良宅地も多く，住宅地区改良事業などによって地形的な改変をともなう整備改善も必要となっています。

さらに，紀伊長島などの湾岸部には，斜面地と同様に，市街地として有効な土地が限られていたため，狭い平坦地に集落が集中する形で形成

第5部　木造密集地域の将来ビジョン

された漁村集落も残されています。こうした地域では，湾から陸に向かって細街路が狭い間隔で並走する市街地形態を有し，敷地も狭小で軒を寄せ合うように老朽木造住宅が並んでいるため，個別更新さえも困難となっています。また，人口が大きく減少している地区や津波被害を抱える地区など，地区レベルの対策だけでなく，さらに領域を広げた広域レベルの災害対策も求められます。

　このように，地方都市の木密地域の改善については，中川氏が述べるように，それぞれの地域の特性や課題等を踏まえ，再生の方向を見極めていくことが肝要です。

　一口に木密地域といっても，それぞれの都市には独自の地域特性があり，様相も異なります。しかし，共通しているのは，木密地域が，現に存在しており，時間的・空間的に継続し変わらないという事実です。また，人口減少・少子高齢社会の進展のなかで，地域内に空き地（空閑地）や空き家が増えて地域の姿が変貌しつつあることでしょう。この意味では，東京を中心に述べてきた木密地域の解消や将来ビジョンのなかでの土地利用を含めた検討の必要性，地域の潜在的魅力を新たな都市づくりに生かすという視点は同じかもしれません。

〈参考文献〉

浅見泰司「空閑地の都市問題」『Evaluation』No.50「特集・都市内の空閑地問題を考える」プログレス，2013年8月

横張　真「日本の風土に根ざした新たな田園都市」『Evaluation』No.66「特集・コンパクトシティを考える」プログレス，2018年4月

佐藤　滋，鳴海邦碩，藤本昌也，三好庸隆『座談会　震災復興から21世紀のまちづくりを考える』「特集　阪神・淡路大震災　復興5周年」近代建築社，2001年1月

東京都「震災復興グランドデザイン」 2001 年 5 月

山口幹幸「空閑地と密集市街地」『Evaluation』No.50「特集・都市内の空閑地問題を考える」プログレス，2013 年 8 月

日端康雄，浅見泰司，遠藤薫，山口幹幸『東京モデル―密集市街地のリ・デザイン』清文社，2009 年 2 月

《木造密集地域に関連する主な法律の制定や取組みの変遷》

	災害等の出来事	関連する法律
江戸・明治	（度重なる大火） 1657　明暦の大火	屋根の難燃化（かき殻葺の推奨） 火除け地の設置 定火消制度（常設火消制度）の整備など
大正	1923　関東大震災	法律の整備 1919　都市計画法，市街地建築物法の制定 1924　市街地建築物法改正
昭和	1945　太平洋戦争戦災 1964　新潟地震 1968　十勝沖地震 1976　酒田大火 1978　宮城県沖地震 →	不良住宅の改善 1927　不良住宅地区改良法 ———— 1950　建築基準法の制定 1960　住宅地区改良法 ———— 住宅の耐震強化 1981　新耐震基準の導入（建築基準法改正）
平成	1995　阪神・淡路大震災 2000　鳥取西部地震 2001　芸予地震 2003　三陸南地震 2004　新潟県中越地震 2011　東日本大震災 2017　糸魚川市大規模火災	1995　耐震改修促進法の制定 震災に強い都市・住宅づくり 1997　密集法（密集市街地における防災街区の整備 　　　の促進に関する法律）の制定 2003　密集法の改正 ————

240

国の取組み	東京都の取組み	大阪市の取組み
1875　地震観測の開始（内務省地理局）		
► 1927　不良住宅地区改良事業 ► 1960　住宅地区改良事業 1976　過密住宅地区更新事業 1978　住環境整備モデル事業	（木賃アパートの大量建設） 1981　防災生活圏の導入（都市防災施設基本計画）	
1995　密集事業の一本化（密集住宅市街地整備促進事業） 1998～2002　防災都市づくり総プロの検討 <u>2001　重点密集市街地の公表（都市再生 PJ（第 3 次決定））</u> ► 2003　防災街区整備事業の導入 2004　住宅市街地総合整備事業 <u>2011　地震時等に著しく危険な密集市街地の公表（住生活基本計画）</u>	1989　木造賃貸住宅地区整備促進事業 1995　木造住宅密集地域整備促進協議会の設立 1996　木造住宅密集地域整備促進事業 1997　東京都防災都市づくり推進計画の策定（5 年ごとに改正） 2003　新防火地域の導入 2012　木密不燃化 10 年プロジェクトのスタート 2013　不燃化特区の正式導入	1992　民間老朽住宅建替支援事業 1998　密集事業導入（生野区南部） 1999　大阪市防災まちづくり計画 2008　密集市街地の戦略的推進に向けての提言 2014　密集住宅市街地重点整備プログラム

241

あとがき

　今年は，6月の大阪北部地震以後も，各地でさまざまな自然災害が発生していま
す。7月の西日本豪雨では，西日本を中心にした大規模な浸水等から多くの死者や負
傷者，建物の被害が生じました。9月には，25年ぶりに強い勢力をもった台風21号
が四国と近畿を縦断し，猛烈な風雨と高潮から，海上の関西空港が短時間のうちに
機能マヒに追い込まれました。しかも湾内に停泊していたタンカーが流されて対岸
を結ぶ連絡橋に衝突。アクセスが遮断され，利用客3千人余りが空港内に閉じ込め
られる事態となりました。

　この翌日の6日には「北海道胆振東部地震」が発生。最大震度7の地震が北海道
中央部を広く襲い，道内のほぼ全域，約295万戸の電力が一斉に止まるという「ブ
ラックアウト」が生じています。この地震の影響でJR北海道や札幌市営地下鉄が始
発から全面的に運休，新千歳空港は終日閉鎖となりました。厚真町では，大規模な
土砂災害を誘発し，家屋の倒壊などにより多くの人命が奪われています。

　こうした矢継ぎ早に起こる自然災害の一方，今夏は，東北や北海道などを含め全
国各地で猛暑となり，高齢者などが熱中症で病院に搬送されるケースも続出しまし
た。

　大都市を突然襲うゲリラ豪雨による道路の冠水や地下街の浸水，集中豪雨による
河川の氾濫などの被害を受け，自然災害に対する危機意識は広まっていますが，海
上空港の被害やブラックアウト現象，地震と山崩れの複合災害などは，従来の知見
や経験を超えた想定外の出来事といえます。改めて自然災害の脅威を感じるととも
に，異常気象や様々な災害を通じ，地球規模で大きな環境変化が起きていることを
実感させられます。今日では，どこに行っても安全な所はないと指摘する声がある
ように，今後，いつ，どこで，何が起きてもおかしくない状況と言えるかもしれま
せん。

　こうしたなかでは，われわれ一人ひとりが防災意識を高め身の安全を守ることは
もとより，都市づくりにおいて，CO_2削減や緑化の創出，省エネ，自然エネルギー
の拡大など，様々な知恵を結集し，地球環境を維持保全する努力を怠ってはならな
いことはいうまでもありません。

　しかし，一方で，都市づくりの発想も大きく変える必要があるように思います。
異常気象による猛暑やゲリラ豪雨，これによる二次災害の発生は，今年に限ったも
のでなく，今後，常態化する前提で考えるべきでしょう。また，従来の経験値から

想定したリスクも高く設定し対応する必要があるように思います。今般のような海上空港の機能マヒや北海道で生じたブラックアウトの発生，複合災害による被害は，結果論ですが，高潮時のリスクアセスメントや電力のリダンダンシーの考え，山地の地層の科学的分析などから，もともと想定できた範囲のようにも思います。つまり，建築などの構造設計では，地震などの外力のほか建物の自重や積載荷重に耐えられるような構造設計がなされています。地震入力や建物に生じる応力度を建物がどの程度許容できるかを想定する場合と同じように，リスクをどの程度考えるかということ。もちろん，リスクの発生確率やコストに関係すると思いますが，単にコスト増大をきたすことなく，柔軟な発想で，想定の枠を拡大した対応が求められているのだと思います。

　これは，まちづくり・都市づくりでも同じことがいえるでしょう。本書における木密地域の問題も，東京に大規模地震が襲ったときに，想定外と思えることを想定の範囲に収めた対応が必要です。都市づくりにおいて，人命の確保を図ることは何にもまして重視されるべきです。そのためには，都市の骨格を形成する都市構造が，都市機能の効率化や高度化を求める前に，基本的機能である災害時の安全性が確保されていなければならないのです。都市づくりには，都市の成長・発展を削ぐことなく安全性を確保するという難しい舵取りが求められています。しかし，自然災害の脅威を考えれば，従来の取組み方針や考え方に固執せず，時代の変化を見据えた，大胆かつ柔軟な発想で都市づくりに臨む必要があり，それは，今をおいてほかにないといえるでしょう。

　平成 30 年 10 月 10 日

山口　幹幸

索　引

【ア　行】

あふれ出し　144
アルリッチ　135
アンコ　40, 99, 100
新たな防火規則　103
インナー長屋制度　122
生野区南部地区　115, 117
糸魚川火災　2, 22, 29, 33, 46
延焼危険性　79
延焼クラスター　187
延焼遮断帯　56, 107, 190
沿道一体整備事業　110
大阪型長屋　114

【カ　行】

ガワ　99, 100
過密住宅地区更新事業　92
環状メガロポリス構造　206, 209
関東大震災　8, 22, 26, 29, 49, 58
危険密集市街地　187
帰宅困難者　15, 195, 230
狭あい道路　62
狭小過密住宅　67
共同建替え　75
居住誘導地域　227
漁村地密集地区　9
近隣住環境計画制度　12, 123, 127
グリーンベルト　204, 227

グリーンベルト構想　17
空間地　18
熊本地震　83
傾面地密集地区　9
コミュニティ　6, 143
コミュニティ意識　143
コミュニティ住環境整備事業　93
コミュニティ住宅　93, 129
コンパクトシティ　4
コンパクトな市街地　217
行為者─観察者　140
公営住宅法　71, 87
公益　230
公共の利益（公益）　217
混雑感（クラウディング）　136

【サ　行】

最低居住面積水準　90
酒田大火　2, 22, 23, 29, 35
シェアハウス　13, 166
ジャントリフィケーション　147
シングルマザー　13, 165, 166, 167
シングルマザー向けシェアハウス
　14, 165, 236
自己表出　144
地震時等に著しく危険な密集市街地
　36, 43, 46, 48, 79, 113
住環境整備モデル事業　92
住商工混在型密集地区　9
従前居住者用住宅　118

十善寺地区　129

住宅マスタープラン　91, 95

住宅改良法　71

住宅緊急措置令　84

住宅建設計画法　10, 88

住宅建設法　67

住宅政策懇談会　95

住宅対策審議会　95

住宅地区改良事業　11

住宅地区改良法　10, 71, 85

重点整備地域　57

重点整備プログラム　12

重点密集市街地　74, 77

集約型都市構造　183

首都圏基本計画　204

首都直下地震　61, 77, 179, 184, 196

震災復興院　84

震災復興グランドデザイン　19, 232

新耐震基準　59

新防火規制　103

新防火地域　103

ストレス低減理論　135

スプロール地区　9

スラムクリアランス　66, 70

スラムクリアランス方式　11

砂町銀座商店街　150

センターコア　183

センターコアエリア　19, 209

生活景　141

生活再建プランナー　109

生活都市東京構想　208

戦前長屋　49

戦前長屋地区　9

【タ　行】

耐震改修促進法　10

耐震改修法　106

耐震診断耐震改修促進法　73

卓越風　46

多心型都市構造　206

チャイルドケア　168

地区改良事業　44, 118

地区内残留地区　185

地区内閉塞度　78, 80

地代家賃統制令　84

中央防災会議　15, 61, 179

東京における緊急輸送道路沿道建築物の耐震化を推進する条例　106

東京のしゃれた街並みづくり推進条例　103

東京の都市づくりビジョン　183

同潤会　71, 85

十勝沖地震　70

戸越銀座商店街　150, 153

都市再生プロジェクト（第3次決定）　74, 104

都市再生プロジェクト（第12次決定）　76, 104

都市づくりのグランドデザイン　183, 206

都市づくりビジョン　17, 211

都市のコンパクト　227

都市のコンパクトシティ　4

都市のコンパクト化　18, 216

都市復興マニュアル　232

都市防災　66

都市防災不燃化促進事業　70, 99

【ナ・ハ行】

長屋建築規則　113
南海トラフ巨大地震　61
はぐぅ～む まな　166, 170
バウムとヴァリンス　145
ハッピーロード大山商店街　151
阪神・淡路大震災　8, 22, 23, 52, 58,
　59, 73, 83, 112, 179
東日本大震災　15, 77, 83
避難困難性　77, 79
避難場所　185
プレグナンツの法則　142
不燃化10年プロジェクト　33
不燃化特区（不燃化推進特定整備地
　区）　108
不燃化特区制度　192
不燃領域率　54, 56, 79, 100, 107
不良住宅地区改良事業　70
不良住宅地区改良法　85
ペアレンティングホーム　169
防災まちづくり促進計画　33
防災街区整備事業　10, 75, 105
防災街区整備地区計画　105
防災再開発促進地区　73, 105
防災生活圏　56
防災都市づくり推進計画　52, 98,
　102
防災密集地域総合整備事業　94

【マ　行】

まちなか防災空地　123
まちなか防災空地整備事業　123

町屋地区　9
密集市街地における防災街区の整備の
　促進に関する法律　33, 73, 122
密集市街地の緊急整備　74
密集住宅市街地整備促進事業　33,
　72, 93, 122
密集法　10, 104
南関東大地震　83
明暦の大火　8, 22, 24
木造賃貸住宅総合整備事業（木賃事
　業）　93
木造賃貸住宅地区整備促進事業　94
木造密集地域　23
木賃アパート密集地区　9
木賃ベルト地帯　16, 89, 186
木密地域のレガシー　224
木密地域不燃化10年プロジェクト
　108

【ヤ・ラ・ワ行】

谷中銀座商店街　13, 151
誘導居住面積水準　90
立地適正化計画　5, 216
レガシー　224, 234
老朽危険空き家対策事業　131
老朽木造棟数率　54, 56
和田商店街　14, 157

21世紀の負の遺産　3, 211

■執筆者紹介 ────────────────────────────

山口　幹幸（やまぐち　みきゆき）
　大成建設株式会社理事　元東京都都市整備局
　埼玉県生まれ
　日本大学理工学部建築学科卒業
　東京都入都後，1996 年東京都住宅局住環境整備課長，同局大規模総合建替計画室長，建
　設局再開発課長，同局区画整理課長，目黒区都市整備部参事，ＵＲ都市再生企画部担当部
　長，都市整備局建設推進担当部長，同局民間住宅施策推進担当部長を経て 2011 年より現職
　不動産鑑定士，一級建築士
　〈主要著書（共著を含む）〉
　『Evaluation』No.66「特集・コンパクトシティを考える」（プログレス，2018 年），
　『Evaluation』No.64 ～ No.67「大都市の木造密集地域のこれからを考える」（プログレス，
　2017 年～ 2018 年），『人口減少時代の住宅政策―戦後 70 年の論点から展望する』（鹿島出
　版会，2015 年），『都市の空閑地・空き家を考える』（プログレス，2014 年），『地域再生―
　人口減少時代の地域まちづくり』（日本評論社，2013 年），『マンション建替え―老朽化に
　どう備えるか』（日本評論社，2012 年），『環境貢献都市―東京のリ・デザインモデル』（清
　文社，2010 年），『東京モデル―密集市街地のリ・デザイン』（清文社，2009 年）など
　　［執筆担当］序論，第 1 部第 1 章，第 1 部第 3 章，第 2 部第 2 章，第 4 部第 2 章，第 4
　　　部第 3 章，第 5 部

中川　智之（なかがわ　さとし）
　株式会社アルテップ　代表取締役
　大阪府生まれ
　東京理科大学大学院工学系研究科修士課程修了
　出光興産を経て，1992 年，株式会社アルテップ入社
　一級建築士
　主な仕事に，ニュータウン・住宅団地再生，密集市街地整備，景観計画の策定，東日本大
　震災における公営住宅の基本計画など
　〈主要著書（共著を含む）〉
　『人口減少時代の住宅政策―戦後 70 年の論点から展望する』（鹿島出版会，2015 年），『地
　域再生―人口減少時代の地域まちづくり』（日本評論社，2013 年），『マンション建替え―
　老朽化にどう備えるか』（日本評論社，2102 年），『東京モデル―密集市街地のリ・デザイ
　ン』（清文社，2009 年）など
　　［執筆担当］第 1 部第 2 章，第 2 部第 1 章，第 4 部第 1 章

楠亀　典之（くすかめ　のりゆき）

株式会社アルテップ　プロジェクトリーダー

滋賀県生まれ

法政大学大学院工学系研究科修士課程修了

2002 年，株式会社アルテップ入社

主な仕事に，団地再生，密集市街地改善，住宅セーフティネット調査など

〈主要著書（共著を含む）〉

『人口減少時代の住宅政策―戦後 70 年の論点から展望する』（鹿島出版会，2015 年），『環境貢献都市―東京のリ・デザインモデル』（清文社，2010 年），『東京モデル―密集市街地のリ・デザイン』（清文社，2009 年），『アジア遊学―アジアの都市住宅』（勉誠出版，2005 年）

　　［執筆担当］第 2 部第 3 章，第 3 部第 2 章

磯　友輝子（いそ　ゆきこ）

東京未来大学モチベーション行動科学部准教授，東京未来大学モチベーション研究所研究員

東京都生まれ

大阪大学大学院人間科学研究科博士後期課程単位取得退学

大阪大学大学院人間科学研究科助手，東京未来大学こども心理学部講師，准教授を経て現職

対人社会心理学，特に対人コミュニケーション，非言語コミュニケーションが専門

〈主要著書（共著を含む）〉

『対人社会心理学の研究レシピ―実験実習の基礎から研究作法まで―』（北大路書房，2016 年）

　　［執筆担当］第 3 部第 1 章

葛西　リサ（くずにし　りさ）

立教大学コミュニティ福祉学部所属日本学術振興会 RPD 研究員

大阪府生まれ

神戸大学大学院自然科学研究科博士後期課程修了

ひとり親，DV 被害者の住生活問題，シェアハウスに関する研究が専門

〈主要著書（共著を含む）〉

『母子世帯の居住貧困』（日本経済評論社，2017 年），『ケア＋住まいを考える「シングルマザー向けシェアハウスの多様なカタチ」』，『西山夘三記念　住まい・まちづくり文庫』（2018 年），『あたりまえの暮らしを保障する国デンマーク』（ドメス出版，2013 年），『これからの住まいとまち』（朝倉書店，2014 年）

　　［執筆担当］第 3 部第 3 章

―――――〈執筆者一覧〉―――――

山口　幹幸（大成建設株式会社理事，元東京都都市整備局部長，
　　　　　　不動産鑑定士，一級建築士）

中川　智之（株式会社アルテップ　代表取締役，一級建築士）

楠亀　典之（株式会社アルテップ　プロジェクトリーダー）

磯　友輝子（東京未来大学モチベーション行動科学部　准教授）

葛西　リサ（立教大学コミュニティ福祉学部所属日本学術振興会
　　　　　　RPD 研究員）

変われるか！ 都市の木密地域
――老いる木造密集地域に求められる将来ビジョン　　　　　　ISBN978-4-905366-82-9　C3036

2018 年 11 月 20 日　印刷
2018 年 11 月 30 日　発行

編著者　山口　幹幸

発行者　野々内邦夫

発行所　**株式会社プログレス**　〒160-0022　東京都新宿区新宿 1-12-12
　　　　　　　　　　　　　　　電話 03(3341)6573　FAX03(3341)6937
　　　　　　　　　　　　　　　http://www.progres-net.co.jp　E-mail: info@progres-net.co.jp

＊落丁本・乱丁本はお取り替えいたします。　　　　　　　　　　モリモト印刷株式会社

本書のコピー，スキャン，デジタル化等の無断複製は著作権法上での例外を除き禁じられています。本書を
代行業者等の第三者に依頼してスキャンやデジタル化することは，たとえ個人や会社内での利用でも著作権
法違反です。

＊各図書の詳細な目次は、http://www.progres-net.co.jp よりご覧いただけます。

コンパクトシティを考える
浅見泰司（東京大学大学院教授）
中川雅之（日本大学経済学部教授）
■本体価格2,300円＋税

民泊を考える
浅見泰司（東京大学大学院教授）
樋野公宏（東京大学大学院准教授）
■本体価格2,200円＋税

★2014年度日本不動産学会著作賞（学術部門）受賞
都市の空閑地・空き家を考える
浅見泰司（東京大学大学院教授）
■本体価格2,700円＋税

共有不動産の33のキホンと77の重要裁判例
●ヤッカイな共有不動産をめぐる法律トラブル解決法
宮崎裕二（弁護士）
■本体価格4,000円＋税

固定資産税の38のキホンと88の重要裁判例
●多発する固定資産税の課税ミスにいかに対応するか！
宮崎裕二（弁護士）
■本体価格4,500円＋税

Q&A 重要裁判例にみる
私道と通行権の法律トラブル解決法
宮崎裕二（弁護士）
■本体価格4,200円＋税

ザ・信託
●信託のプロをめざす人のための50のキホンと関係図で読み解く66の重要裁判例
宮崎裕二（弁護士）
■本体価格5,000円＋税

土壌汚染をめぐる重要裁判例と実務対策
●土壌汚染地の売買契約条文と調査・処理の実際
宮崎裕二（弁護士）／森島義博（不動産鑑定士）／八巻 淳（技術士【環境】）
■本体価格3,000円＋税

▶不動産取引における◀
心理的瑕疵の裁判例と評価
●自殺・孤独死等によって、不動産の価値はどれだけ下がるか？
宮崎裕二（弁護士）／仲嶋 保（不動産鑑定士）
難波里美（不動産鑑定士）／高島 博（不動産鑑定士）
■本体価格2,300円＋税

詳解
民法[債権法]改正による不動産実務の完全対策
●79年の【Q&A】と190の【ポイント】で不動産取引の法律実務を徹底解説!!
柴田龍太郎（深沢綜合法律事務所・弁護士）
■本体価格7,500円＋税

▶すぐに使える◀
不動産契約書式例60選
●契約実務に必ず役立つチェック・ポイントを[注書]
黒沢 泰（不動産鑑定士）
■本体価格4,000円＋税

▶不動産の取引と評価のための◀
物件調査ハンドブック
●これだけはおさえておきたい土地・建物の調査項目119
黒沢 泰（不動産鑑定士）
■本体価格4,000円＋税

新版
私道の調査・評価と法律・税務
黒沢 泰（不動産鑑定士）
■本体価格4,200円＋税

マンション法の現場から
●区分所有とはどういう権利か
丸山英氣（弁護士・千葉大学名誉教授）
■本体価格4,000円＋税

逐条詳解
マンション標準管理規約
大木祐悟（旭化成不動産レジデンス・マンション建替え研究所）
■本体価格6,500円＋税

マンション再生
●経験豊富な実務家による大規模修繕・改修と建替えの実践的アドバイス
大木祐悟（旭化成不動産レジデンス・マンション建替え研究所）
■本体価格2,800円＋税

新版
定期借地権活用のすすめ
●契約書の作り方・税金対策から事業プランニングまで
定期借地権推進協議会（大木祐悟）
■本体価格3,000円＋税

賃貸・分譲住宅の価格分析法の考え方と実際
●ヘドニック・アプローチと市場ビンテージ分析
刈屋武昭／小林裕樹／清水千弘
■本体価格4,200円＋税